STARK

TRAINING
METHODEN

Meiner • Raczkowsky

Erdkunde

Grundlagen, Arbeitstechniken und Methoden

STARK

Umschlagbild: © TravelTainment AG, Aachen

ISBN-13: 978-3-89449-382-0
ISBN-10: 3-89449-382-8

Inhalt

Vorwort

Grundsätzliches

Arbeitstechniken und Fertigkeiten

Fortsetzung siehe nächste Seite

Vorwort

Wohl kaum ein anderes Unterrichtsfach behandelt so viele unterschiedliche Aspekte unseres täglichen Lebens und unserer Lebensumwelt so umfassend und vielschichtig wie die Geographie. Sie vermag dabei auf interessante Weise und mit höchster Aktualität Erkenntnisse aus vielen anderen Wissenschaftsbereichen zusammenschauend zu erarbeiten.

Wir wollen versuchen, Ihnen mit diesem Band Hilfestellungen bei der Vorbereitung auf die Abiturprüfung im Fach Erdkunde zu geben, indem wir Ihnen die unterschiedlichen **geographischen Arbeitstechniken** auf systematische Weise darlegen. Anhand von vorbereitenden **Übungsaufgaben** und **Trainingsaufgaben** auf Abiturniveau können Sie die erarbeiteten Fertigkeiten trainieren und direkt anwenden. Die **Lösungen** am Ende des Buches ermöglichen Ihnen eine gezielte Selbstkontrolle.

Dieser Band soll

- Ihnen helfen, Ihre **Abiturvorbereitung** besser zu **strukturieren** und besser zu **organisieren,**
- Ihnen dabei auch Mut machen und mehr **Selbstsicherheit vermitteln,**
- Ihnen anhand von Übungsbeispielen Sicherheit im Umgang mit **geographischen Arbeitstechniken** geben,
- Sie auf besondere **Prüfungssituationen** und **vermeintliche Überraschungen** während der Prüfung besser vorbereiten.

Wir wünschen Ihnen für Ihre Abiturvorbereitung und für die Abiturprüfung viel Erfolg!

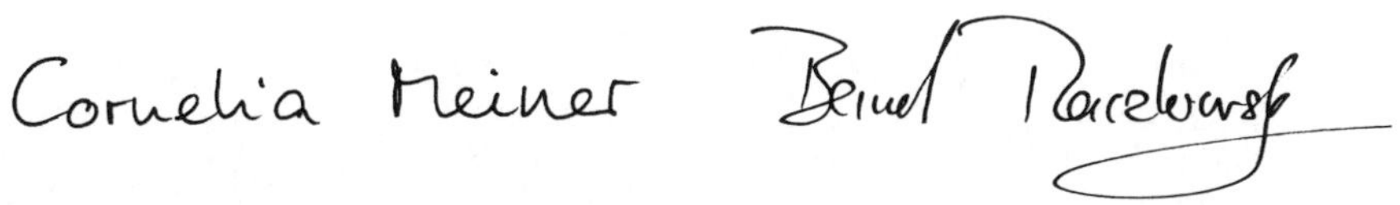

Cornelia Meiner und Bernd Raczkowsky

Grundsätzliches

Grundvoraussetzungen und wesentliche Strategien für das Lernen

Interessieren Sie sich für die Welt!

Da Erdkunde ein Fach ist, das ständig auch die neuesten politischen, gesellschaftlichen, sozialen und selbstverständlich auch naturgeographischen Entwicklungen miteinbeziehen soll, ist es von großer Bedeutung, von Kursbeginn an, **aktuelle Informationen** zu den vier Kurshalbjahren zu **sammeln.** Werden Sie also interessierter Leser von größeren Tageszeitungen oder seriösen Magazinen und gehen Sie das Fernsehprogramm einmal mit Blick auf Ihre in Erdkunde anstehenden Themen durch. Sie werden verblüfft sein, wieviel Brauchbares sich finden lässt. Besonders die **Regionalprogramme** der öffentlich-rechtlichen Sendeanstalten (z. B. Bayern 3, SW 3, WDR etc.) bieten eine Vielzahl interessanter Einzelbeiträge und Sendereihen zu geographischen Themen an.

Am besten **archivieren** Sie relevante Artikel in einem gesonderten Ordner, den Sie nach den einzelnen Themen der vier Kurshalbjahre gliedern. Fernsehsendungen können Sie auf Video aufnehmen, falls Sie ein Gerät besitzen.

Wo kann ich mir weiteres Informationsmaterial beschaffen?

Verschiedene Bundes-, Länder- und Regionalinstitutionen bieten eine Fülle an (häufig kostenlosen) Informationsmaterialien an. Scheuen Sie sich nicht, diese rechtzeitig, nämlich während der Kursphase anzufordern.
Wir empfehlen zum Beispiel:

- **Bundeszentrale für politische Bildung:** die dort veröffentlichte Reihe *Informationen zur politischen Bildung* bietet zu fast allen geographischen Themen Hefte an (zu beziehen über: Franzis-Druck GmbH, Postfach 150740, 80045 München).
- **Bundesministerium für wirtschaftliche Zusammenarbeit und Entwicklung (BMZ):** Verschiedene Veröffentlichungen zur Dritte-Welt-Thematik (zu beziehen über: Omnia-Verlag GmbH, Postfach 501626, 50976 Köln).

- **Informationsgemeinschaft für Meinungspflege und Aufklärung e. V.:** *Agrimente* und *Agrilexikon*. Wichtige Materialien zur Entwicklung der Landwirtschaft (zu beziehen über: IMA, Alexanderstraße 3, 30159 Hannover).
- **Der Fischer Weltalmanach – Zahlen, Daten, Fakten:** Jährlich erscheinendes Werk mit statistischem Material zur wirtschaftlichen, gesellschaftlichen und politischen Entwicklung der Länder der Erde. Fischer Taschenbuch Verlag GmbH/Frankfurt am Main (zu beziehen über den Buchhandel).

Das Internet – Spielwiese oder Informationsgigant?

Viele von Ihnen werden bereits an den Umgang mit PC, Anwenderprogrammen und Internet gewöhnt sein. Die ursprüngliche Konzeption des Internets bestand darin, wissenschaftliche Computer an Hochschulen der ganzen Welt zusammenzuschalten, um so Informationen schnell austauschen zu können. Heute ist aus diesem Konzept etwas anderes geworden, nämlich ein weltweites Informationsanbietersystem mit allen Vor- und Nachteilen (beispielsweise dem Zugang zu höchst dubiosen Veröffentlichungen politisch extremer Gruppen).

Eine Information allein, die Sie aus dem Internet entnehmen, ist wenig hilfreich für die Vorbereitung einer Prüfung, wenn sie nicht bewertet wird.

Achten Sie beim Umgang mit Internetinformationen darauf,
- dass die verwendete Quelle wissenschaftlich fundiert ist,
- dass Sie entnommene Informationen stets selbst filtern, d. h. wirklich prüfen, ob beispielsweise nicht wenige Informationen mehr ergeben, als eine seitenlange Liste an undifferenzierten Angaben.

Sicherlich können Sie mit einem **Suchbegriff** in einem der **Suchdienstprogramme** fündig werden. **Surfen** kostet allerdings viel Zeit (und Geld) und führt allzuoft dazu, dass man von der eigentlichen Vorbereitung abgelenkt wird.

Um Ihnen den Umgang mit dem Internet etwas zu erleichtern, sind im folgenden einige allgemeine und „geographische" Adressen angegeben, die Sie direkt anwählen können. Für deren Brauchbarkeit können wir allerdings keine 100 %-ige Garantie geben. Bedenken Sie bitte auch, dass aufgrund der rasanten Entwicklung die folgende Übersicht sehr schnell veralten kann.

Institute und Zeitschriften

http://www.rzg.mpg.de (Max-Planck-Gesellschaft)
http://www.statistik-bund.de (Statistisches Bundesamt)
http://www.nas.nasa.gov./hpcc/k12/edures.html/ (NASA)
http://www.zs.augsburg.de (Zentralstelle für Computer im Unterricht)
http://www.dfd.dlr.de (Deutsches Fernerkundungsdatenzentrum)
http://www.geo.de (Zeitschrift GEO)
http://www.scientificamerican.com (Zeitschrift Scientific American)
http://www.spektrum.de (Zeitschrift Spektrum der Wissenschaft
http://www.nationalgeographic.com (Zeitschrift National Geographic)

Suchdienste

http://www.lycos.de
http://www.yahoo.de
http://www.webcrawler.com
http://www.altavista.de
http://www.web.de
http://www.excite.de
http://www.infoseek.de
http://www.fireball.de

Geographie

Energie/Umwelt/Landwirtschaft
http://www.energie.de
http://www.bergbau.de
http://www.braunkohle.de
http://www.greenpeace.de
http://www.solarenergie.de
http://www.umwelt.de
http://www.landwirtschaft.de

Vulkane/Klima
http://volcano.und.nodak.edu/
http://www.dwd.de (Dt. Wetterd.)
http://www.wetter.de
http://www.donnerwetter.de
http://www.ucar.edv/
http://www.gfz-potsdam.de/
ktb/ktb.htm (Ozeanforschung)

Ihr Atlas – der beste „Spickzettel“

Da Sie den Atlas im Abitur zur Verfügung haben, ist er ein ganz zentrales Hilfsmittel. Den Umgang mit dem Atlas kann man im Laufe der Zeit souverän erlernen, wenn man die folgenden Hilfestellungen heranzieht: Machen Sie sich vertraut mit der **Gliederung Ihres Atlas.** Zum Nachschlagen steht Ihnen das **alphabetische Register** zur Verfügung, in dem Sie u. a. **topographische Merkmale** wie Gebirge, Städte, Seen oder Flüsse nachschlagen können.

Viel wichtiger wird in aller Regel in der Prüfungssituation das ebenfalls **alphabetisch geordnete Sachwortregister** sein, in dem Sie Kartenbeispiele zu bestimmten geographischen Sachverhalten auffinden können, z. B. „Karst“ oder „Slums“, also sowohl Themen aus der physischen Geographie als auch solche aus dem Bereich der Humangeographie.

Es gibt außerdem noch weitere nützliche Register, ein **regionales,** das nach Weltübersichten, Erdteilen bzw. Ländern geordnet ist und in dem dann alle zu dieser geographischen Einheit gehörigen Karten aufgelistet sind und ein **thematisches,** das nach einzelnen Themen, wie z. B. *Boden, Vegetation* oder *Städtische Siedlungen* geordnet ist.

Um im Unterricht verwendete Atlaskarten in der Prüfung möglichst schnell wieder parat zu haben, empfiehlt es sich, entweder die entsprechenden Seitenzahlen auswendig zu lernen oder ein Register anzubringen, falls dies erlaubt ist. Das Register darf auch dann nur den Hinweis auf die Region oder das Thema enthalten, andere Bemerkungen sind nicht zulässig.

Das **kartographische Register** am Anfang des Atlas (meist Einbandinnenseite bzw. erste Seiten) ermöglicht einen raschen Überblick über die im Atlas angebotenen Karten der verschiedenen Regionen der Erde und die thematischen Schwerpunkte, die sie abdecken.

Transferfähigkeit – oder wie man in aller Gelassenheit Bekanntes auf Neues überträgt

In den Kurshalbjahren können die Inhalte nur exemplarisch erarbeitet werden, d. h. nicht alle Themen werden an allen Raumbeispielen besprochen. Dies würde den zeitlichen Rahmen sprengen. Daher ist es besonders wichtig, die Transferfähigkeit zu schulen, also Wissen, das man anhand eines konkreten Raumes erworben hat, auf einen anderen Raum mit ähnlichen Strukturen zu übertragen. Thema im Unterricht waren z. B. *Räumliche Disparitäten in Italien,* im Abitur sind dann beispielsweise *Räumliche Disparitäten in Frankreich* zu analysieren. Es gilt nun, die am Raumbeispiel Italien erworbenen Kenntnisse und Fertigkeiten auf einen anderen Raum zu übertragen.

Hieraus wird deutlich, dass während der Vorbereitung stets **die allgemeinen, übertragbaren Strukturen, Mechanismen und Prozesse** zu erarbeiten sind. Mit Faktenwissen allein bestreiten Sie noch kein Abitur!

Eine gute Möglichkeit, diese Transferfähigkeit zu üben, ist das **Bearbeiten ehemaliger Abiturklausuren,** die als gesonderter Band (für das bayerische, baden-württembergische und nordrheinwestfälische Abitur) beim Stark Verlag erhältlich sind. Als grobe Orientierung können dabei die Musterlösungen herangezogen werden. Sie entsprechen jedoch in ihrem Umfang nicht immer dem im Abitur verlangten Niveau, was u. a. auch damit zusammenhängt, dass die prüfenden Lehrer einen Musterlösungsschlüssel vom Ministerium mitgeliefert bekommen, der sehr umfangreich ist.

Methodisch richtiges Vorgehen beim Beantworten von Abituraufgaben

Keine Panik – auch Unerwartetes ist machbar

Lassen Sie sich durch Unerwartetes nicht einschüchtern. Es kann durchaus sein, dass Sie allgemeine Sachverhalte, die eben auch auf einen „neuen“ Raum zutreffen, an einem anderen Raumbeispiel ausführlich behandelt haben. So lassen sich z. B. Zentrum-Peripherie-Strukturen mit relativ wenig Aufwand leicht von Frankreich auf Großbritannien übertragen. Schauen Sie sich das beigefügte Material (Anlagen) gründlich an. Meist ist eine Menge an brauchbarer Information bereits daraus zu entnehmen.

Gehen Sie also bei der Themenauswahl ganz nüchtern vor und stellen Sie sich dabei die folgenden Fragen:

1. Kann ich alle Teilfragen beantworten?
2. Komme ich mit den Anlagen zurecht?
3. Gibt es geeignete Karten im Atlas?
4. Wurde das Thema bzw. die Region (ausführlich) im Unterricht behandelt? Kann ich eine im Unterricht behandelte Thematik/einen Beispielraum auf das Prüfungsthema/die nun angesprochene Region übertragen?

Erfassen der Fragestellung

Jede Abituraufgabe bezieht sich auf einen bestimmten geographischen Raum und/oder auf ein bestimmtes Thema. Beginnen Sie mit dem gründlichen Durchlesen bereits bei der **Überschrift.** Sie kann erste Hinweise zur Beantwortung geben, da sie die grobe thematische Zielrichtung festlegt.

In aller Regel ist dann die Aufgabe in zwei bis drei Fragenkomplexe (1, 2, 3) untergliedert, die wiederum mit einer Überschrift eingeleitet werden. Hier wird die Thematik schon deutlich eingeengt und konkretisiert.

Die eigentlichen Arbeitsanweisungen erhalten Sie aber erst in den Teilaufgaben (1.1, 1.2 usw.).

Vorsicht: diese Teilaufgaben sind häufig mehrgliedrig und stellen oft unterschiedliche Ansprüche an das Beantwortungsniveau. In Aufgabe 2.2 z. B. werden von Ihnen getrennte Arbeitsschritte verlangt:

- **Beschreiben Sie ...**
- **Erläutern Sie ...**
- **Begründen Sie ...**

BEISPIEL

USA – Naturausstattung und Raumstrukturen

Die Überschrift gibt erste Hinweise zur Beantwortung der Aufgabe.

1 Raumeinheiten und Ungunstfaktoren

Unterteilung der Aufgabe in einzelne Fragenkomplexe, die wiederum mit einer Überschrift eingeleitet werden. Die Thematik ist schon deutlich konkretisiert.

1.1 Gliedern Sie den Zentralraum Nordamerikas zwischen den Gebirgsketten der Rocky Mountains und der Appalachen in großräumige Reliefeinheiten! Charakteriesieren Sie kurz deren Oberflächengestalt unter Berücksichtigung ihrer geologischen Grundstruktur und morphologischen Überprägung!

1.2 Im Zusammenhang mit den natürlichen Gegebenheiten der USA wird der Begriff „Antiressourcen" verwendet. Erläutern Sie eingehend drei Risikofaktoren, die die agrarische Nutzung des Zentralraums der USA beeinträchtigen können!

2 Strukturwandel in der Landwirtschaft

2.1 Anlage 1 zeigt auf der Grundlage älterer amerikanischer Froschungsarbeiten den Zusammenhang zwischen grundlegenden Klimabedingungen und Weizenerträgen. Arbeiten Sie die wesentlichen Aussagen der Darstellung heraus, und diskutieren Sie, welche weiteren Einflussfaktoren für die Erklärung der in Anlage 2 enthaltenen Statistik der Weizenerträge des US-Bundesstaats Kansas heranzuziehen wären!

2.2 Beschreiben Sie die in Anlage 3 von 1974 bis in das Jahr 2000 prognostizierte Entwicklung in der US-amerikanischen Landwirtschaft! Erläutern Sie die wesentlichen Ursachen für diesen Prozess, und begründen Sie die besondere Stellung der Rinderfarmen!

Eigentliche Arbeitsaufträge in den Teilaufgaben mit getrennten Arbeitsschritten.

3 Struktur der nordamerikanischen Stadt

3.1 Erarbeiten Sie aus dem Modell der Anlage 4 die Ordnungsprinzipien der nordamerikanischen Stadt, und erklären Sie deren räumliche Strukturen!

3.2 Anlage 4 zeigt die räumliche Verteilung der Bereiche des tertiären Sektors. Erläutern Sie die unterschiedlichen Motive für ihre Standortwahl!

Quelle: Leistungskursabitur Bayern, 1997 (Auszug)

Die drei hier verwendeten Verben oder **Operatoren** lassen bereits Rückschlüsse auf Art und Umfang der Antwort zu. Auch beziehen sie sich auf die vom Kultusministerium festgelegten Anforderungsebenen, denen Sie gerecht werden sollen:

- „Reproduktion", d. h. Wiedergabe des erlernten Wissens, wozu auch die Anwendung geographischer Fachbegriffe und Theorien zählt.
- „Transfer", d. h. Übertragen von Kenntnissen, die Sie anhand eines Beispiels erworben haben, auf eine andere Thematik bzw. einen anderen Raum.
- „Problemlösendes Denken", d. h. Erklärung oder Bewertung eines Problems bzw. kritische Stellungnahme zu einem geographischen Problem.

Besonders wichtig ist es also, sich mit den verschiedenen Operatoren vertraut zu machen, weil diese darauf hinweisen, was erwartet wird. Sind sie einem in ihrer Bedeutung geläufig, kann man eine Themaverfehlung vermeiden.

In der folgenden Liste sind die häufigsten „Operatoren" mit ihrer Bedeutung angegeben und so angeordnet, dass zunächst die einfachen, zuletzt die komplexen Arbeitsanweisungen angeführt sind. Während beim einfachen „Nennen" nach einem einleitenden Satz durchaus im Spiegelstrichverfahren die Sachverhalte aufgelistet werden dürfen, muss man bei „Erläutern" oder „Diskutieren" vollständige, schlüssige Texte verfassen. Vermeiden Sie in diesem Fall „Verweispfeile", d. h. Pfeile zwischen einzelnen Worten oder Satzteilen, die eine logische Folge darstellen sollen. Im Abitur wird von Ihnen erwartet, dass sie diese Bezüge klar formuliert darstellen.

Operatoren

nennen: auflisten oder aufzählen, ohne Erläuterungen.

wiedergeben: Inhalte, die Sie kennen oder die Sie den Materialien entnehmen können wiederholen bzw. zusammenfassen.

herausarbeiten: die wesentlichen Merkmale darstellen, auf den Punkt bringen.

beschreiben: ausführlich über die Wesens- und Strukturmerkmale eines Sachverhalts/eines Prozesses/etc. berichten.

darstellen: einen Sachverhalt umfassend wiedergeben, u. U. sogar mit einem Diagramm, einer Skizze oder einer Tabelle (je nach Fragestellung).

zuordnen: einzelne Elemente in einen logischen Zusammenhang eingliedern, wobei Sie auch Hintergrundwissen und Informationen, die Sie dem Material entnehmen, hinzufügen.

gliedern: nach vorgegebenen oder selbstgewählten Kriterien in eine logische Reihenfolge oder systematische Ordnung bringen.

kennzeichnen/charakterisieren: einen Sachverhalt unter einem vorgegebenen Leitgesichtspunkt beschreiben und dabei Typisches herausstellen.

vergleichen/gegenüberstellen: Unterschiede oder/und Gemeinsamkeiten feststellen und eventuell auch interpretieren.

erklären/erläutern: einen (komplexen) Sachverhalt veranschaulichen.

analysieren/untersuchen: wichtige Einzelelemente und deren Zusammenhänge darstellen, Strukturen herausarbeiten.

interpretieren: einen Sachverhalt zunächst beschreiben, dann die Ursachen bzw. Bedingungen für bestimmte Erscheinungen oder Entwicklungen darstellen und u. U. bewerten.

begründen: Gründe bzw. Ursachen für etwas angeben, wobei man besonders auf eine schlüssige Argumentation achten sollte.

erarbeiten: ein Konzept entwickeln/darstellen, Strukturen verdeutlichen.

diskutieren/erörtern: zu einer Problemstellung eigene Gedanken entwickeln, aus denen dann ein begründetes Urteil gefällt wird.

Stellung nehmen: zu einer Behauptung, Theorie oder einem Sachverhalt eine eigene, begründete und bewertende, in ihrer Argumentation fundierte Meinung äußern.

beurteilen/bewerten: Behauptungen prüfen oder Aussagen machen über die Richtigkeit/Wahrscheinlichkeit/Anwendbarkeit machen. Dabei müssen Sie Ihre eigenen Beurteilungskriterien finden und darlegen.

Das Vorgehen im Detail

Nachdem Sie sich nun einen Überblick über die von Ihnen gewählte Abituraufgabe verschafft haben, nehmen Sie sich die erste Teilaufgabe vor. Stellen Sie sich dabei die folgenden Fragen:

- Habe ich die Frage sprachlich und inhaltlich verstanden?
- Habe ich (bei einer mehrgliedrigen Frage) alle Einzelkomponenten erfasst?
- Welche Bearbeitungsebene(n) wird (werden) gefordert?
- Wie ausführlich muss ich antworten?
- Welche Materialien/Atlaskarten kann ich heranziehen?

Um im nächsten Schritt zu einer möglichst guten Antwort zu kommen, ist es unerlässlich, stets die genaue Fragestellung in Erinnerung zu behalten. Unterstreichen Sie sich zu diesem Zweck die **Fragewörter/Operatoren farbig,** vor allem dann, wenn es sich um eine mehrteilige Frage handelt, weil sonst leicht die Gefahr besteht, dass man einen Teil der Frage übersieht. Die zentrale Zielrichtung der Frage kann man zusätzlich hervorheben, wählen Sie dazu aber eine andere Farbe.

Arbeitstechniken und Fertigkeiten

Atlasarbeit

Für die Abiturprüfung ist eine Reihe von Atlanten zugelassen. Genaueres hierzu erfahren Sie von Ihrer Kursleiterin/Ihrem Kursleiter.

Betrachten Sie Ihren Atlas als ein wirkliches Hilfsmittel. Viele Themenbereiche lassen sich mit Hilfe eines Kartenwerks beschreibend, ergänzend und analysierend bearbeiten.

Grundsätzliche Strategien zur Arbeit mit dem Atlas

Verschaffen Sie sich bereits während der Vorbereitung einen **strukturierten Überblick über Ihr Kartenwerk**! (Wo und wie finde ich zeitsparend geeignete Karten?)

- Ziehen Sie zur Bearbeitung einer Fragestellung nach Möglichkeit **mehrere** Karten heran. Arbeiten Sie **synoptisch**, also zusammenschauend.
- Entnehmen Sie nach Möglichkeit Informationen bereits aus der Kartenüberschrift!
- Nehmen Sie sich Zeit, sich einen Überblick über die Kartenlegende zu verschaffen.
- Studieren Sie die Darstellungsformen innerhalb der Karten (z. B. Flächen-, Punkt- und Liniensignaturen, Flächenfarben, integrierte Diagrammtypen usw.).
- Lassen Sie sich nicht durch die Farbgebung täuschen! In konventionellen topographischen Karten bedeutet z. B. die Höhenschichtfarbe Grün nicht notwendigerweise „klimatisch begünstig“ oder gar „fruchtbar“.
- Geben Sie bei der Beantwortung einer Frage die verwendeten Karten an (Seite im Atlas und Kartennummer).

Schnelles Auffinden geeigneter Karten

Mit etwas Systematik lassen sich die gesuchten Karten sehr schnell auffinden. Die meisten Kartenwerke zeigen dabei Gliederungsmerkmale, mit deren Hilfe man folgendermaßen Karten finden kann:

Suchkriterium	Methode
Wo finde ich eine Karte (thematisch oder physisch-topographisch) über einen **bestimmten Raum?**	Auf der **Umschlaginnenseite** befinden sich meist Übersichtskarten (Deutschland-, Europa- und Weltübersichten), auf denen Teilräume durch Rechtecke abgegrenzt und mit den entsprechenden Seitenangaben versehen sind.
Wie finde ich heraus, ob zur gestellten Frage **thematische Karten** vorhanden sind?	1. Einige Atlanten benutzen zusätzlich auf der **Umschlaginnenseite** Deutschland-, Europa- und Weltübersichten mit den eingedruckten Kartentiteln und den entsprechenden Seitenangaben. 2. Nachschlagen im **Regionalregister** (dort, wo alle Kartentitel nach Großräumen, Ländern, Erdteilen usw. geordnet sind). 3. Nachschlagen **im thematischen Register** (dort, wo alle Kartentitel nach Themen geordnet sind). 4. Nachschlagen im **alphabetischen Sachwortregister** (meist am Ende des Kartenwerkes).
Wie kann ich ein gegebenes, mir unbekanntes **topographisches Merkmal** (z.B. Ort, Gewässer, Region usw.) schnell finden?	Nachschlagen im **alphabetischen Ortsregister** (meist am Ende des Kartenwerks).
Wie kann ich einen **spezifischen Fachbegriff** anhand von Karten klären?	Nachschlagen im **alphabetischen Sachregister** (meist am Ende des Kartenwerks).

Karteninterpretation im Detail

Thematische Karten zeigen auf den ersten Blick fast immer eine scheinbar undurchschaubare Menge an Einzeldaten. Das richtige Lesen und eine systematische Arbeitsweise sind deshalb unverzichtbare Vorbedingungen für gute Interpretationsergebnisse.

BEISPIEL

Umweltbelastung im Nordseeraum

Die folgende Karteninterpretation bezieht sich auf die Karte *Umweltbelastung (Nordsee)* im *Diercke Weltatlas* ([4]1996, Westermann Schulbuchverlag GmbH Braunschweig), Seite 89.

Zwei thematische Schwerpunkte können aus dieser Karte herausgelesen werden:

1. Systematische Beschreibung der verschiedenartigen Umwelteinflüsse im Bereich der Nordsee.
2. Interpretation der Schadenswirkungen im Bereich der Nordsee.

Lösung zu 1.:

Eine erste Zugiffsmöglichkeit bietet die **Kartenlegende**. In ihr wird unterschieden nach **Meerwasser- und Flussverschmutzung.** Hieraus ablesbar ist, dass die Nordsee vorwiegend durch eingeleitetes Flusswasser, aber auch vor Ort durch lokale Ursachen und Verursacher verschmutzt wird.

Die Auflistung der für die Fluss- und Meerwasserverschmutzung verantwortlichen Faktoren muss mithilfe der Karte durch eine **Quantifizierung** ergänzt werden:

Umweltgefährdung durch eingeleitetes Flusswasser

- **Einleitung von Schwermetallen** aus der industriellen Produktion (vorwiegend chemische Industrie und metallverarbeitende Industrie): höchste Schadstoffgehalte an Blei, Kupfer, Cadmium und Chrom aus den Flüssen der kontinentaleuropäischen Anrainerstaaten (Frankreich/Seine, Niederlande/ Rhein, Deutschland/Ems, Weser, Elbe). Schwermetallgehalte von sekundärer Bedeutung aus den Flüssen der englischen und schottischen Ostküste, Dänemarks und Norwegens;

Umweltgefährdung durch Vor-Ort-Verschmutzung im Bereich der Nordsee

- **Verschmutzung durch Anlandung von Erdöl in den Häfen** (vor allem im Bereich der belgischen, niederländischen, deutschen und britischen Küstenbereiche).
- **Einleitung von Abwässern aus den Küstenstandorten der** chemischen Industrie (besonders im belgischen und niederländischen Küstenbereich).
- **Verschmutzung durch Off-shore-Bohrung** in der Nordsee (austretendes Öl während der Bohrung, Industrieschrott durch Reparaturarbeiten, der wiederum die Beschädigung von Fischereischleppnetzen zur Folge haben kann).
- **Säure-, Industriemüll- und Baggerschlammverklappung** (besonders im Bereich des Ärmelkanals und an den britischen Küstenabschnitten).
- **Abfallverbrennung** auf hoher See.
- **Gefahr von Ölpestkatastrophen durch havarierte Tankschiffe** (besonders im Kanalbereich und im Küstenabschnitt zwischen Ems- und Elbemündung).

Lösung zu 2.:

In einem weiteren Schritt ist es wichtig, die tatsächlichen Schadenswirkungen auf das Großbioökotop Nordsee abzuschätzen. Hierzu wird der obere Teil der Kartenlegende herangezogen. Folgende Grundaussagen sind möglich:

- Der Wasseraustausch durch Strömungen dauert gerade in den Hauptverschmutzungsgebieten (unmittelbare Küstenbereiche) relativ lange (im Schnitt zwischen 24 und 36 Monaten). Dadurch wird der Prozess einer eventuellen Selbstreinigung (biologisch bzw. durch Verdünnung) extrem verlangsamt.
- Besonders bedroht sind die Laichplätze der Heringe (östlich von Hull) und die Fischkinderstuben, welche sich zum großen Teil an den stark verschmutzten belgischen, niederländischen, deutschen und dänischen Küstenbereichen befinden. Mögliche Folgen sind Reduzierung der Nachwuchsraten, Fischkrankheiten und -missbildungen, Störung der gesamten Nahrungskette und allgemeine Reduktion des Fischbestandes. Verstärkt werden diese Erscheinungen zudem dadurch, dass die Zugwege der Heringe teilweise durch stark verschmutzte Gebiete führen.

BEISPIEL

Staatliche Umsiedlung in Indonesien

Die folgende Karteninterpretation bezieht sich auf die Karte *Indonesien (staatliche Umsiedlung)* im *Diercke Weltatlas* ([4]1996, Westermann Schulbuchverlag GmbH Braunschweig), S. 169, Nr. 4.

Mögliche Fragestellung:

Erläutern Sie Hintergründe und Ziele des staatlichen Umsiedlungsprogramms und bewerten Sie dessen Erfolg.

Hinweis
Gehen Sie schrittweise vor. Entnehmen Sie Informationen zuerst der Legende und der Karte und beantworten Sie anschließend die eigentliche Fragestellung.

Lösungen:

1. Arbeiten mit der Legende

- Zeitraum der Umsiedlungsmaßnahme: von 1905–1990
- Fachbegriff für dieses Programm: Transmigration
- Absolute Anzahl der Einwohner auf den indonesischen Inseln zu verschiedenen Zeitpunkten: verschiedenfarbige Kästchen
- Aktuelle Einwohnerdichte auf den einzelnen Inseln: farbige Hinterlegung
- Anzahl der umgesiedelten Personen: in einem Kreis dargestellt

2. Arbeiten mit der Karte

Übertragen Sie nun die Informationen aus der Legende auf die Karte und verknüpfen Sie diese untereinander, so können Sie folgende Aussagen treffen:

- Java hat die höchste Bevölkerungsdichte der indonesischen Inseln (Farbe: rot)
- Java weist die höchste absolute Bevölkerungsanzahl auf (größte Anzahl der Kästchen)
- Java stellt den Quellort der Umsiedlung dar (von dort aus gehen die Pfeile in Richtung der anderen weniger dicht besiedelten Inseln)
- Ausmaß des Umsiedlungsprogramms: 3986 × 1000 Menschen > 3,986 Mio. Umsiedler (Zusammenzählen aller Werte in den Kreisen – Taschenrechner empfehlenswert)
- Mengenmäßige Relation des Umsiedlungsprogramms zur Bevölkerungszunahme Javas in diesem Zeitraum:
  - Bevölkerungswachstum 1905–1990: 17,5 Mio. (17,5 Kästchen mehr als 1 für 1905 angegeben)

- Anzahl der Umsiedler: 3,986 Mio.
- ohne Umsiedlungsmaßnahmen wäre also die Bevölkerungszahl von 1905–1990 um 21,486 Mio. gestiegen (17,5 + 3,986)
- der prozentuale Anteil der Umsiedler beträgt 18,55 %

3. Beantwortung der Frage

Nach diesen Vorarbeiten können Sie nun die oben gestellte Frage beantworten. Sie werden dabei aber – wie bei fast jeder Karteninterpretation – auch Vorinformationen aus dem Unterricht mit einfließen lassen müssen, um zu einer wirklich umfassenden Antwort zu gelangen.

Ziele und Hintergründe des Transmigrationsprojektes von 1905–1990 waren, den dicht besiedelten Kernraum Java zu entlasten und die regionalen Disparitäten in Indonesien abzubauen. Durch den hohen Bevölkerungsdruck war und ist es zu einer extremen Nutzungskonkurrenz um den Faktor Boden gekommen. Siedlungen, Industrie- und Verkehrsflächen weisen einen ständig steigenden Bedarf auf, der die landwirtschaftliche Nutzfläche erheblich verringert; wobei die Besitzgrößen durch die Realteilung ohnehin schon extrem gering (und damit kaum existenzsichernd) sind.

Ein weiteres gesellschaftlich motiviertes Ziel war es, durch Umsiedlung javanesischer Bevölkerungsteile die anderen Inseln politisch zu stabilisieren und die Grenzen gegenüber den Nachbarn (Malaysia und Papua Neuguinea) zu sichern.

Ein weiteres Motiv war die Agrarkolonisation, verbunden mit der Hoffnung, die Ernährungssituation zu verbessern.

Das Umsiedlungsprogramm kann nicht als Erfolg gewertet werden, da die Zahl der Umsiedler im Vergleich zum Bevölkerungswachstum auf Java insgesamt mit 18,55 % nur sehr gering ist, vor allem wenn man dabei den enormen Kostenaufwand einer solchen Aktion bedenkt. Weitere Problemfelder sind die ökologischen Auswirkungen der Agrarkolonisation und die sozialen Spannungen, die in der Folge entstanden sind.

Synoptisches Arbeiten mit Karten

Gesamtzusammenhänge können bei der Atlasarbeit oft erst durch das Heranziehen und Interpretieren mehrerer Einzelkarten dargestellt werden. In so einem Fall spricht man von **synoptischer Kartenarbeit,** das bedeutet, die eigentliche Interpretation erfolgt durch die Zusammenschau von Informationen aus mehreren Karten.

BEISPIEL

Erläutern Sie anhand geeigneter Atlaskarten die klimatischen Einflussfaktoren in den USA im Bereich zwischen Rocky Mountains und Appalachen.

Lösung:

Die in der folgenden Tabelle angeführten Atlaskarten (in Klammern die Seitenangaben im Diercke Weltatlas) können beispielsweise zur Bearbeitung herangezogen werden und als Grundlage für die Lösung der Aufgabe dienen:

Kartentitel	Inhalte / Interpretation
Physische Karte Nordamerika (184, 190)	• Lage im Gradnetz ⇒ Lage in den verschiedenen Klimagürteln • Meridional angeordnete Gebirgsgürtel ⇒ Lee-Effekte am Osthang der Rocky Mountains; • Fehlen von Ost-West-Gebirgsbarrieren ⇒ ungehinderter Austausch trocken-polarer und feucht-tropischer Luftmassen und deren Folgeerscheinungen
Temperaturen im Januar und im Juli (186)	Berechnung der Jahresdurchschnittsamplitude ⇒ Ermittlung von Kontinentalität bzw. Maritimität
Niederschläge im Jahr (186)	Jahreszeitliche und Mengenverteilung der Niederschläge in Abhängigkeit von den Oberflächenformen und der Lage im Gradnetz / Klimazone
Hurrikan Gloria (191)	Ermittlung der Zugstrassen tropischer Wirbelstürme
Blaine County/Oklahoma – Erosionsgefährdung und Landnutzung (198)	Evtl. Rückschlüsse auf hohe Niederschlagsvariabilität und hohe Windgeschwindigkeiten

Beispiele für Zusammenhänge

Deutlich wird hierbei, dass die einzelnen Faktoren teilweise aus den Einzelkarten direkt ablesbar sind, andere aber auch durch den Vergleich, die Synopse der Karten erfolgen können. So entsteht sicherlich eine auffällige Korrelation zwischen der Karte der Oberflächenformen (natürlich mit dem Wissen der Lage eines Großteils der USA in der Westwindzone) und den aus den Klimakarten (Niederschläge) ablesbaren Lee-Effekten.

Selbst Karten über Landnutzung geben häufig Informationen über die zugrunde liegenden klimatischen Verhältnissen.

Verwenden Sie bei einer synoptischen Interpretation also sowohl **physische** als auch **thematische** Teilkarten.

Zusammenfassung

Gehen Sie bei einer synoptischen Karteninterpretation am besten wie folgt vor:

1. Notieren Sie sich zunächst alle Faktoren, die Ihrem Wissen nach zur Darstellung des Sachverhaltes notwendig sind.
2. Notieren Sie alle Karten, die in Frage kommen. Eventuell lässt sich die Liste in 1. dadurch ergänzen, dass Sie weitere Kartentitel mit Inhalten finden, an die Sie zunächst nicht gedacht haben.
3. Arbeiten Sie gegliedert, d. h. bündeln und strukturieren Sie die einzelnen Faktoren (z. B. nach Oberflächenform, Klima, Vegetation, Boden, etc.).
4. Versuchen Sie Zusammenhänge aus einer gedachten Überlappung der einzelnen Karten harauszufinden.
5. Nennen Sie die einzelnen Kartentitel in Ihrem Text (Angabe von Titel, Seite und Kartennummer).

Aufgaben

Vorbereitende Übungsaufgaben

Ü 1 Nennen Sie Karten im Diercke Weltatlas (oder in einem anderen, von Ihnen verwendeten Kartenwerk) zum Thema Bodenerosion in den Vereinigten Staaten von Nordamerika.

Ü 2 Welche Karten würden Sie zur Beschreibung der klimatischen Gegebenheiten der ehemaligen Sowjetunion verwenden?

Ü 3 Wie können Sie Entfernungen auf einer Karte im Atlas ermitteln?

Ü 4 Welcher tatsächlichen Entfernung entspricht ein gemessener Abstand von 4 cm zwischen zwei Städten auf einer Karte mit dem Maßstab 1 : 500.000?

Ü 5 Zwei Berggipfel sind in Wirklichkeit 3 km voneinander entfernt. Wie groß ist der Abstand in cm auf einer Karte mit dem Maßstab 1 : 50.000?

Ü 6 Wie sehen die Signaturen aus, die die folgenden Standorte kennzeichnen:
a) Eisenerzabbau
b) Steinkohlevorkommen
c) Maisanbaufläche
d) Wasserkraftwerk
e) Standort der chemischen Industrie
f) Standort des Schiffbaus

Trainingsaufgabe auf Abiturniveau

A 1 Finden Sie anhand geeigneter Atlaskarten Indikatoren, die das wirtschaftliche Gefälle zwischen Nord- und Süditalien aufzeigen und erläutern Sie diese Indikatoren.

Lesen und Interpretieren von statistischem Material

Grundsätzliche Strategien zur Auswertung von Statistiken

Bei den statistischen Materialien, die von Ihnen im Abitur gelesen und interpretiert werden müssen, handelt es sich in der Regel um **Tabellen** bzw. **Tabellenkombinationen**. Beachten Sie bei der Tabelleninterpretation folgendes:

- **Arbeiten Sie stets systematisch!**
  Vermischen Sie möglichst nicht Aussagen **unterschiedlicher Wertigkeit.** Gliedern Sie bei der Beantwortung Ihren Text (sichtbar, z. B. mit deutlichen Absätzen und Teilüberschriften) so, dass er die **innere Struktur** der Tabelle selbst wiedergibt, gleichzeitig aber die Fragestellung genauestens berücksichtigt.

- **Überschriften und Einheiten**
  Eine Groborientierung über die Inhalte der Tabelle finden Sie bereits in der **Tabellenüberschrift.**
  Studieren Sie die verwendeten **Einheiten** und die verwendeten **Untertitel**. Stellen Sie sich anschließend die Frage, **was** die Tabelle aussagen will und **wozu** sie gemacht wurde. Es ist immer vorteilhaft, zunächst die übergeordnete Thematik und die groben Zielrichtungen zu erkennen, anstatt blindlings drauflos zu arbeiten.

- **Vom Allgemeinen zum Detail**
  Gehen Sie **„photographisch“** vor, d. h. betrachten Sie die statistischen Angaben zunächst von weitem, sozusagen mit einem Weitwinkelobjektiv, und „zoomen“ Sie dann erst in die Teilbereiche nach folgenden Schema:
  - Grundtendenzen
  - Teiltendenzen
  - Detailinterpretation.

- **Bezug zur Fragestellung**
  Tabellen bieten oft eine Fülle an Einzelinformationen. **Filtern** Sie die zur Beantwortung notwendigen Informationen heraus. Vernachlässigen Sie zusätzliches (vielleicht überflüssiges) Material. Überprüfen Sie immer, ob das, was Sie herausgefunden haben, auch wirklich **Bezug zur Aufgabe** hat.

- **Tabellen mit mehreren Spalten**
  Die einzelnen Spalten in Tabellen können unter Umständen völlig unterschiedliche Indikatoren bzw. Einheiten aufweisen. Arbeiten Sie immer **synoptisch**, d. h., überlegen Sie sich, in welchem **Zusammenhang** die einzelnen Spalten bzw. deren Aussagen stehen.

- **Zeitliche Entwicklungen**
  In Tabellen werden häufig zeitliche Entwicklungen oder Prognosen dargestellt. Achten Sie auch hier grundsätzlich auf **elementar erkennbare Tendenzen**. Verwenden Sie zur Beschreibung Begriffe und Wendungen, wie etwa
  - *Stagnation/stagnierender Verlauf, etc.*
  - *Zunahme des Wertes, Ansteigen, linear zunehmend, etc.*
  - *progressiv zunehmend/ansteigend, etc.*
  - *kontinuierliche/starke/extrem starke/progressive Abnahme, etc.*

  Beschreiben Sie nach Möglichkeit **Teilstücke** einer Gesamtentwicklung (z. B. gleichbleibender Wert, dann ansteigende Tendenz, dann abnehmende Tendenz).

  Bei einem 30-jährigen Messzeitraum macht es aber keinen Sinn, geringfügige Schwankungen von Jahr zu Jahr zu stark zu interpretieren. Grundtendenzen, bzw. Perioden mit gleichen Grundtendenzen sind wichtiger.

  Prüfen Sie auch, ob die jeweiligen Daten in **zeitlicher Äquidistanz** (zeitlich gleicher Abstand) angegeben sind. Daten, die Jahreswerte widerspiegeln, die aber „Zeitlöcher" (Fehlen von Angaben über einen bestimmten Zeitraum hinweg) aufweisen, können schnell zur Fehlinterpretation führen.

- **Retrospektiv, konstatierend oder prognostizierend?**
  Tabellenwerte können sich auf Entwicklungen in der Vergangenheit beziehen (retrospektiv), derzeitige Strukturen darstellen (konstatierend) oder auf mögliche zukünftige Entwicklungen hinweisen (prognostizierend).

  Machen Sie in Ihrem Antworttext klar, dass die Bewertung einer zukünftigen Entwicklung hypothetischen Charakter hat. Geeignete Wendungen hierfür sind beispielsweise: *Die angegebene Entwicklung deutet darauf hin, dass .../lässt vermuten, dass.../könnte folgendermaßen prognostiziert werden/etc.*

  Die Verwendung des **Konjunktivs** ist manchmal insofern sinnvoll, als er eine allzu „dogmatische", festgesetzte Aussage verhindert.

- **Absolute Werte, Prozentanteile und Indexdarstellung**
  Werden Sie sich zunächst bewusst darüber, ob es sich bei den vorgegebenen Angaben um absolute, um relative oder um Indexwerte handelt.
  Absolute Werte haben bei einer zeitlichen Entwicklung den „Nachteil", dass Sie die Veränderungen von Jahr zu Jahr selbst erst berechnen müssen. Absolute Werte müssen häufig erst „in Relation" zueinander gebracht werden, damit man grundlegende Tendenzen erkennen kann.
  Relative Werte drücken bereits ein gewisses Verhältnis aus. Bei ihrer Interpretation ist Vorsicht geboten! So muss man häufig prüfen, an welchem Basiswert der Anteil berechnet wurde. Bei zeitlichen Entwicklungen ist ganz besondere Sorgfalt an den Tag zu legen. Fragen Sie sich immer, ob beispielsweise ein %-Zuwachs auf **ein bestimmtes Messjahr** oder auf **das jeweils vorangegangene Messjahr** bezogen ist.
  Index-Werte beziehen sich auf **einen bestimmten Messzeitpunkt.** Diesem wird der **Wert 100** zugeordnet. Alle weiteren Index-Angaben erfolgen in Werten bezogen auf **diesen einen** Messzeitpunkt.

BEISPIEL

Vorsicht! Wie umsichtig man bei der Interpretation von absoluten Werten, %- und Index-Angaben sein muss, sei an einer Beispieltabelle dargelegt (die Angaben sind frei erfunden):

Erwerbstätige in der Landwirtschaft

	1992	1993	1994	1995	1996
Erwerbstätige in Mio.	50	50	51	51	51
Erwerbstätige in der Landwirtschaft in Mio.	3,2	3,0	2,8	2,7	2,3
In % aller Erwerbstätigen	6,4	6	5,49	5,29	4,51
Index Erw.tätige i. d. LW	100	94	88	84	72

Die Angaben in **absoluten** Zahlen zeigen eine stetige Abnahme der Erwerbstätigen in der Landwirtschaft von 3,2 auf 2,3 Millionen. Diese Angaben nützen isoliert wenig, denn sie zeigen nicht den Anteil an der Gesamterwerbstätigenzahl des Landes. Damit können auch keine sinnvollen Aussagen über die arbeitskräftebezogene Bedeutung der Landwirtschaft getroffen werden.

Die Angaben in **%-Werten** stellen einen relativen Bezug her. Die Anteile und damit die arbeitskräftebezogene Bedeutung der Landwirtschaft kann interpretiert werden. Doch Vorsicht! Hier kann man leicht dazu verleitet werden, aus der Tabelle eine Abnahme des prozentualen Anteils der Erwerbstätigen in der Landwirtschaft von 1992 bis 1996 um 1,9 % herauszulesen. Doch der jeweilige %-Anteil wird gemessen an der Gesamterwerbstätigenzahl des **jeweiligen Jahres**! Im vorliegenden Beispiel betrug diese Zahl für 1992 und 1993 50 Millionen, für die nachfolgenden Jahre 51 Millionen.

Indexangaben erleichtern die Interpretation von Statistiken. Die Indexdarstellung ist nichts anderes als eine vereinfachte absolute Darstellung. Zum Zweck des besseren Ablesens wird einem Jahr (hier 1992) der Wert 100 beigemessen. An diesem, also auf den absoluten Wert **dieses einen Messjahres** bezogen werden alle anderen Jahre.

Strukturen und Entwicklungen erkennen und interpretieren

Erkennen von Strukturen

BEISPIEL

Erwerbstätige 1991 in Polen nach Wirtschaftssektoren und Wirtschaftsbereichen (Jahresdurchschnitt)

Wirtschaftsbereich	Insgesamt	Staatl. Sektor[1)]	Privater Sektor	Insgesamt	Staatl. Sektor	Privater Sektor
	1000			Anteil in %		
Insgesamt	15 601	7633	7969	100	48,9	51,1
Land- und Forstwirtschaft, Fischerei	4 383	623	3 760	28,1	14,2	85,8
Verarbeitendes Gewerbe[1]	4 250	3 556	694	27,2	83,7	16,3
Baugewerbe	1 116	831	285	7,2	74,5	25,5
Handel und Gastgewerbe	1 561	815	746	10,0	52,2	47,8
Verkehr und Nachrichtenwesen	843	769	74	5,4	91,2	8,8
Dienstleistungen[2]	3 448	1 867	1 581	22,1	54,1	45,9

1 *Einschl. Kooperation, sozialer und politischer Organisationen sowie Gewerkschaftsorganisationen*
2 *Einschl. Energie- und Wasserwirtschaft, Bergbau, Gewinnung von Steinen und Erden. Einschl. nicht näher bezeichnete Bereiche.*

Quelle: Statistisches Bundesamt: Länderbericht Polen 1994, S. 59

In dieser Statistik wird der **Ist-Zustand** der polnischen Industriestruktur von 1991 für die einzelnen Wirtschaftsbereiche und Wirtschaftssektoren in **absoluten** und **relativen** Werten dargestellt.

Mögliche Arbeitsaufträge:

1. Erklären Sie, warum den Spalten mit den absoluten Zahlen weitere mit Prozentangaben beigeordnet sind.
2. Erläutern Sie die Untergliederung der Tabellenteile mit den Prozentangaben. Gehen Sie dabei auf das konkrete Beispiel des Baugewerbes ein.
3. Stellen Sie dar, in welchen Bereichen 1991 in Polen ein hoher Anteil an Beschäftigten im Privaten Sektor zu verzeichnen ist, und geben Sie mögliche Gründe hierfür an.

Lösung zu 1.:

Einen raschen Vergleich mit absoluten Zahlen herzustellen ist nicht so einfach. Die Umsetzung in Prozentwerte erleichtert es, den jeweiligen Stellenwert des Wirtschaftsbereichs bzw. des jeweiligen Sektors (staatlich oder privat) zu ermitteln.

Lösung zu 2.:

Die Prozenttabelle ist wie folgt gegliedert:
1. Spalte: Prozentangaben zu den Wirtschaftsbereichen insgesamt.
Ziel: man kann den Stellenwert des jeweiligen Wirtschaftsbereichs (hier: Baugewerbe) innerhalb der Gesamtwirtschaft Polens ablesen. Dieser Wert (7,2) wird also **vertikal** gelesen, d. h. auf die Gesamtzahl der Erwerbstätigen bezogen. Aber Vorsicht! Dieser Stellenwert bezieht sich nicht auf die Leistungsfähigkeit dieses Wirtschaftsbereiches, denn die Zahl der Arbeitskräfte in einem bestimmten Wirtschaftsbereich gibt nicht notwendigerweise Auskunft über dessen Bedeutung.

2. und 3. Spalte: Untergliederung in staatlichen und privaten Bereich, wobei – und das ist für weitere Schlussfolgerungen ganz entscheidend! – nun der jeweilige Bereich gleich 100 % gesetzt wird und dementsprechend die Aufteilung in die Sektoren erfolgt, d. h. die Spalten werden jetzt horizontal gelesen. Das Baugewerbe etwa beschäftigt nur 7,2 % der polnischen Erwerbstätigen (vgl. Spalte 1). Bei der folgenden Aufteilung in den staatlichen und privaten Bereich werden nun diese 7,2 % mit 100 % (alle im Baugewerbe Tätigen) gleichgesetzt. 74,5 % der Bauarbeiter waren 1991 beim Staat, nur 25,5 % bei privaten Baufirmen beschäftigt. Man kann auf die gleiche Art und Weise für alle Wirtschaftsbereiche ermitteln, welche Bedeutung dem Staat bzw. den privaten

Arbeitgebern beim Angebot von Arbeitsplätzen zukommt. Man darf nur nicht den Fehler begehen und bei oberflächlichem Ablesen folgern, 74,5 % aller polnischen Arbeitskräfte seien im Baugewerbe tätig!

Lösung zu 3.:

Insgesamt (gemessen an allen Beschäftigten) war der Anteil der im privaten Sektor Beschäftigten 1991 gegenüber dem staatlichen Sektor geringfügig höher (51,1 %).

Deutlich privat orientiert ist der land- und forstwirtschaftliche Bereich (85,8 %), der in Polen auch in der kommunistischen Zeit stark durch private kleinbäuerliche Betriebe gekennzeichnet war.

Bei Handel und Gastgewerbe (47,8 %) und Dienstleistungen (45,9 %) ist ebenfalls ein hoher, wenn auch im Vergleich nicht so auffälliger Prozentsatz im Privatsektor festzustellen. Diese Bereiche sind in der Regel im Transformationsprozess flexibler, können leichter und erfolgversprechender in private Trägerschaft übergehen als etwa der von extrem großen Betrieben geprägte und daher schwerfällige industrielle Bereich.

Erkennen von Entwicklungen

BEISPIEL

Bevölkerung in Polen nach Stadt und Land

	Einheit	1970	1975	1980	1985	1991	1992
in Städten	1000	17088	19030	20979	22486	23750	23701
	%	52.3	55,7	58,7	60,2	62,0	61,7
in Landgemeinden	1000	15570	15155	14756	14855	14559	14717
	%	47,7	44,3	41,3	39,8	38,0	38,3

Quelle: Statistisches Bundesamt: Länderbericht Polen 1994, S. 36

Aus dieser Statistik kann eine **zeitliche Entwicklung** zweier zueinander in Bezug stehender Parameter abgelesen werden.

Möglicher Arbeitsauftrag:

Beschreiben Sie die Veränderungen in der Zusammensetzung der polnischen Bevölkerung nach Stadt und Land von 1970 bis 1992.

Lösung:

Entwicklung der Verteilung von ländlicher und städtischer Bevölkerung:

- Von 1970 bis 1991: kontinuierliche Zunahme der Anteile der städtischen bei gleichzeitiger Abnahme der Anteile der ländlichen Bevölkerung.
- Von 1991 bis 1992: leichter Rückgang der städtischen und damit verbunden leichter Anstieg der ländlichen Bevölkerung.

Vorsicht ist hier geboten bezüglich

- der Zeitintervalle (Messung in 5-Jahres-Abständen), allerdings 1-Jahresabstand im letzten Intervall!
- der Korrelation mit den absoluten Werten (Veränderungen der Gesamtbevölkerung).

Erkennen von Beziehungsgefügen

BEISPIEL

Daten zum Gesundheitswesen im Sudan

Item	Jahr	Wert
Krankenhausbetten	1964	13.098
	1969	12.085
	1973	16.586
	1979	17.004
	1988	17.328
	1992	17.320
Krankenhäuser	1969	93
	1973	122
	1979	159
	1988	160
	1992	160
Ärzte	1964	435
	1969	1.079
	1977	1.944
	1988	2.169
		2.168
	1992	
Einwohner/Arzt	1974	15.934
	1977	8.600
	1985	9.800
	1988	11.071
	1992	12.550

Säuglingssterblichkeit	1990	10,1 %
Zahl der Zahnärzte	1988 1992	334 322
Einwohner/Zahnarzt	1988 1992	71.898 81.497
Zahl der Apotheker	1988 1991	58 35
Einwohner/Apotheker Pflegepersonal	1988 1992 1988 1991	414.034 469.310 13.693 10.401
Einwohner/Pfleger	1988 1992	1.754 1.988

Quelle: MENA 1969/70; 1973/74, 1975/76, 1990; PCG 1989; Statistik des Auslands

Mögliche Arbeitsaufträge:

1. Beschreiben Sie die Entwicklung der Zahlen für:
   - Krankenhausbetten
   - Krankenhäuser
   - Ärzte
2. Inwieweit und wodurch wird die Entwicklung der Anzahl der Ärzte in absoluten Zahlen relativiert?
3. Unter der Überschrift „Daten zum Gesundheitswesen“ werden verschiedene Indikatoren kombiniert. Worin liegt der Sinn dieses Vorgehens?
4. Inwiefern weist die Statistik Schwächen auf? Betrachten Sie dazu das Jahr der jeweiligen Erhebungen.

Lösung zu 1.:

Entwicklung der Zahlen:
Von geringen Abweichungen abgesehen, ergibt sich für alle drei Bereiche eine Steigerung bis 1988, danach eine Stagnation bzw. ein leichter Rückgang.
Für eine genauere Analyse müsste man natürlich die Geschwindigkeit der Zu- bzw. Abnahme beschreiben. Man spricht dann von progressiver bzw. degressiver Veränderung.

Lösung zu 2:

Wenn man die Gesamtärztezahl in Bezug zu den Einwohnern setzt, so relativiert sich die Steigerung bei der Anzahl der Ärzte durch ein gleichzeitig stattfindendes Bevölkerungswachstum. Eine wirkliche (zahlenmäßige) Verbesserung der ärztlichen Versorgung ist somit nur von 1974 bis 1977 erfolgt, danach verschlechterte sich das Beziehungsverhältnis Einwohner/Arzt, was darauf zurückzuführen ist, dass die Bevölkerungszahl schneller anstieg als die Zahl der Ärzte.

Lösung zu 3:

Die Verwendung verschiedener Indikatoren soll dazu dienen, die Aussagen über die Qualität des Gesundheitswesens auf einer möglichst differenzierten Datengrundlage zu treffen. Man vermeidet damit die Gefahr, sich nur auf einen, vielleicht irreführenden oder widersprüchlichen Indikator zu stützen.

Lösung zu 4:

Die Schwächen der Statistik liegen in folgenden Punkten:

- Die verschiedenen Indikatoren wurden in unterschiedlichen, teilweise nicht korrelierenden Jahren gemessen.
- Auch ist die Anzahl der erhobenen Jahre nicht bei allen Indikatoren dieselbe.
- In einem Fall (Säuglingssterblichkeit) wird nur für 1990 eine Angabe gemacht (zudem eine %-Angabe!). Eine Entwicklung ist somit nicht ablesbar.

Hieraus folgt, dass Korrelationen der einzelnen Indikatoren zueinander nicht immer möglich sind, und dass man bei der Auswertung ganz genau ablesen muss (da z. B. der erste bzw. letzte Wert der Zahlenreihe nicht notwendigerweise zum gleichen Bezugsjahr gehört wie beim nächsten Indikator). Auch entsteht sehr leicht der Eindruck, dass den Indikatoren mit mehr Datenmaterial eine größere Bedeutung oder Aussagekraft zugeschrieben wird, da bei ihnen eine längere zeitliche Entwicklung nachzuvollziehen ist.

Komplexe Interpretation

Das Tabellenmaterial in der Abiturprüfung ist in den meisten Fällen umfassend und komplex. In einer Prüfungssituation mit einer großen, korrelierenden Datenmenge umzugehen, ist sicherlich keine einfache, jedoch eine erlernbare Aufgabe.

Anhand der folgenden Doppeltabelle soll zunächst dargestellt werden, in wie vielschichtiger Art und Weise das Datenmaterial gelesen und interpretiert werden kann. In der Trainingsaufgabe werden dann Fragen zum Tabellenmaterial gestellt.

BEISPIEL

Beschäftigte in Schlüsseltechnologie-Industrien und traditionellen Industriebranchen im Südosten der USA 1980–1989

Schlüsseltechnologie-Industrien (vereinfacht definiert: chemicals and allied products, industrial machinery and equipment, electronic and electric equipment, transportation equipment, instruments and related products)

Staat	Beschäftigte in 1000 1980	Beschäftigte in 1000 1989	Veränderung in % 1980–89
North Carolina	159	190	+19,5
Georgia	93	130	+39,2
Florida	184	203	+10,1
Virginia	124	144	+16,2
South Carolina	92	114	+23,2
Maryland	83	87	+4,3
West Virginia	39	24	−38,5
Delaware	42	42	−1,4 *
USA	8496	8196	−3,5

* *Bei der Berechnung der absoluten Angaben wurde auf volle Tausender gerundet.*

Traditionelle Industrien (vereinfacht definiert: tobacco products, textile mill products, wood products, furniture and fixtures)

Staat	Beschäftigte in 1000 1980	Beschäftigte in 1000 1989	Veränderung in % 1980–89
North Carolina	475	425	−10,4
Georgia	228	214	−6,0
Florida	70	79	+12,9
Virginia	144	131	−8,8
South Carolina	202	157	−22,3
Maryland	23	19	−15,8
West Virginia	11	11	+3,5
Delaware	2	3	+43,5
USA	3352	3131	−6,6

Quelle: U.S. Department of Labor 1982, 1992; Delaware Department of Labor 1991; CENDATA 1992

Mögliche Leserichtungen und Verfahrensweisen

1. Horizontal

- Ermittlung der Entwicklung der absoluten Beschäftigtenzahlen pro Staat zwischen 1980 und 1989 in den beiden Industriebereichen.
  Nutzen: relativ gering, da die Betrachtung der absoluten Zahlen eines Einzelstaates wenig Aussagekraft hat.
- Ermittlung (Ablesen) der Veränderungen in % pro Staat in den beiden Industriebereichen.
  Nutzen: relativ hoch, denn auffällige Veränderungsraten geben Aufschluss über die Bedeutung der beiden Industriebereiche in einem Staat.
- Ermittlung der Entwicklung der absoluten Beschäftigtenzahlen und der %-Veränderung im gesamten Bereich der USA in den beiden Industriebereichen.
  Nutzen: hoch, denn diese Daten stellen Durchschnittswerte dar, an denen sich später die Werte der Einzelstaaten relativieren lassen.

2. Vertikal

- Interstaatlicher Vergleich der absoluten Beschäftigtenzahlen in den beiden Erhebungsjahren und in den beiden Industriebereichen.
  Nutzen: mäßig, denn die absoluten Werte müssen „im Kopf" erst relativiert werden. Ein erster interstaatlicher Vergleich wird aber möglich.
- Interstaatlicher Vergleich der Veränderungen in % zwischen 1980 und 1989 in den beiden Industriebereichen.
  Nutzen: hoch, denn es können auffällige Zuwachs- bzw. Abnahmeraten im interstaatlichen Vergleich ermittelt werden. Vergleich der jeweiligen Veränderungen in % pro Staat mit dem Durchschnittswert der Veränderungen in % für die USA.

3. Vergleich der beiden Tabellenteile untereinander

- Ermittlung einer eventuellen Korrelation zwischen den Veränderungen in % eines Staates.
  Nutzen: Sehr hoch, denn hier kann überprüft werden, ob es einen Zusammenhang zwischen starken Zuwachsraten bei den Schlüsseltechnologie-Industrien und starken Abnahmeraten bei den traditionellen Industrien eines Staates gibt.
- Vergleich der beiden Durchschnittswerte der Veränderungen in % für die USA in den beiden Industriebereichen.
  Nutzen: mäßig, denn hierbei handelt es sich um Durchschnittswerte, welche keinerlei Aussagen über die regionale Differenzierung geben.

Sehr schnell wird deutlich, wieviele unterschiedliche Lese- und Interpretationsrichtungen hier möglich werden. Sie erkennen sicher, dass den vergleichenden Vorgehensweisen größte Bedeutung für eine Interpretation zukommt.

Zusammenfassung

Diese Hinweise helfen Ihnen bei der Interpretation von statistischem Material:

1. Gehen Sie stets systematisch vor!
2. Beachten Sie die Tabellenüberschriften, die verwendeten Einheiten und Untertitel.
3. Gehen Sie vom Allgemeinen zum Detail.
4. Überprüfen Sie immer wieder den Bezug zur Fragestellung.
5. Achten Sie darauf, in welchem Zusammenhang die einzelnen Spalten einer Tabelle stehen.
6. Berücksichtigen Sie die zeitlichen Entwicklungen.
7. Sind die Tabellenwerte retrospektiv, konstatierend oder prognostizierend?
8. Machen Sie sich bewusst, ob Sie absolute Werte, Prozentanteile oder Indexdarstellungen vor sich haben.

Aufgaben

Vorbereitende Übungsaufgaben

Ü 7 Zur Interpretation welcher genereller Thematiken lassen sich die folgenden Tabellenüberschriften (mit ihren Inhalten) verwenden?

a) Jährliches Bruttosozialprodukt pro Kopf in US-Dollar
b) Erwerbsstruktur (Prozentanteile der Erwerbstätigen in den drei Wirtschaftssektoren)
c) Rate der Jugendarbeitslosigkeit in ausgewählten Regionen
d) Zuwanderungs-, Abwanderungssaldo
e) Ärzte pro 1000 Einwohner eines Staates
f) Absolute Produktionszahlen in der Nahrungsmittelindustrie im Vergleich zur Gesamtbetriebsfläche
g) Sterberate und Geburtenrate im Vergleich

Ü 8 Vom Groben zum Detail: Welche allgemeinen Tendenzen, welche Teiltendenzen lassen sich aus der folgenden Tabelle ablesen?

Bevölkerungszahlen in einer westdeutschen Region (in 1000) in verschiedenen Jahren

1940	1950	1960	1970	1980
30000	42000	47000	48000	51000

Ü 9 Filtern Sie aus der folgenden Tabelle die Indikatoren heraus, die zur tatsächlichen Kennzeichnung des Entwicklungsstandes des Landes X dienlich sein können.

Fläche in Quadratkilometern	998000
Anteile der Bevölkerung mit Zugang zu Gesundheitsdiensten (in % 1995)	99
BSP pro Kopf (1995)	790 US-Dollar
Krankenhausbetten pro 1000 Einwohner	20
Anzahl der Hafenstädte	8
Entwicklungshilfeleistungen (in Mio. US-Dollar 1995)	230
Erwerbstätige in der Industrie (in Mio)	8

Ü 10 Berechnen Sie aus den Angaben der folgenden Tabelle den Index-Wert für 1997.

Jahr	1995	1996	1997
Index	100	120	**???**
Absolut	80.000	96.000	140.000

Ü 11 In einer Tabelle werden die prozentualen Anteile der Nahrungsmittelproduktion an Reis an der Gesamtnahrungsmittelproduktion eines südostasiatischen Landes angegeben. Warum ist diese Anteilsangabe für die Bewertung der Nahrungsmittelversorgung allein nicht ausreichend?

Ü 12 Inwiefern eignet sich die Tabellenangabe des Bruttosozialproduktes eines Landes in US-Dollar für die Kennzeichnung des Entwicklungsstandes?

Ü 13 Wie errechnen Sie grundsätzlich %-Anteile aus absoluten Angaben in einer Tabelle?

Trainingsaufgaben auf Abiturniveau

Verwenden Sie zur Bearbeitung der folgenden Aufgaben bitte die Doppeltabelle Beschäftigte in Schlüsseltechnologie-Industrien und traditionellen Industriebranchen im Südosten der USA 1980–1989 von Seite 29.

A 2 Nennen Sie die drei Staaten mit den höchsten Beschäftigtenzahlen im Bereich der Schlüsseltechnologie-Industrien 1980, und überprüfen Sie ob diese Staaten auch 1989 zahlenmäßig führend waren.

A 3 Erläutern Sie, ob die absoluten Beschäftigtenzahlen grundsätzlich Aufschluss über die Bedeutung der Schlüsseltechnologie-Industrien in diesen drei Staaten geben können. Schlagen Sie eine Erweiterung der Tabelle vor, die die Bedeutung dieser Industrien deutlich macht.

A 4 Analysieren Sie, inwiefern die Veränderungen in % 1980–1989 bei den Schlüsseltechnologie-Industrien Hinweise über deren Bedeutungsveränderungen geben.

A 5 Welcher Nutzen ergibt sich aus der Angabe der US-Durchschnittswerte beider Industriebereiche?

A 6 Geben Sie mögliche Gründe für das starke Anwachsen der Beschäftigten in den Schlüsseltechnologie-Industrien einiger Südoststaaten an.

A 7 Erläutern Sie einen möglichen Zusammenhang zwischen der prozentualen Zunahme bei den Schlüsseltechnologie-Industrien und der Abnahme bei den traditionellen Industrien im Staat Georgia.

A 8 Welche allgemeinen Aussagen lassen sich bei einem Vergleich der Veränderungen in % hinsichtlich der beiden Industriebereiche für den Großteil der einzelnen Staaten treffen?

A 9 Florida nimmt bezüglich der Veränderungen eine Sonderstellung ein. Beschreiben Sie diese und führen Sie mögliche Ursachen hierfür an.

Umgang mit Quellentexten

Quellentexte sind nicht gerade die typische erdkundliche Materialart im Abitur, aber sie tauchen doch hin und wieder auf.

Man muss deshalb wissen, wie man rasch und effektiv zu einer möglichst gründlichen Auswertung des Textes kommt.

Grundsätzliche Strategien zur Arbeit mit Quellentexten

Die folgenden Regeln erleichtern Ihnen das Arbeiten mit Quellentexten. Berücksichtigen Sie aber immer die **spezielle Fragestellung**, unter der Sie den Text analysieren sollen.

- Nützen Sie die **Textüberschrift** als erste Orientierungshilfe.
- Berücksichtigen Sie die **Herkunft** des Textes (Zeitungsmeldungen werden in der Regel aus einem anderen Blickwinkel als z. B. Veröffentlichungen in einer Fachzeitschrift geschrieben).
- Berücksichtigen Sie die **formale Strukturierung** (Unterteilung in Absätze). Aus der formalen Textstruktur werden oft schon die unterschiedlichen angesprochenen Sachverhalte ablesbar.
- Arbeiten Sie **absatzweise**. Ein Absatz entspricht in der Regel auch einer Sinneinheit.
- **Unterstreichen** Sie die **zentralen Aussagen** (z.B. Oberbegriffe, Fachbegriffe, etc.) farbig.
- Versuchen Sie, unbekannte **Fachbegriffe** evtl. mithilfe des Atlas zu klären.
- Ordnen Sie den im Text an Beispielen oder in sehr allgemeiner Form genannten Sachverhalten die entsprechenden **Fach- bzw. Oberbegriffe** zu.
- Erstellen Sie eine auf die wesentlichen Aussagen konzentrierte **Zusammenfassung**.
- Ordnen Sie den Text nach Möglichkeit in einen **größeren thematischen** (räumlichen oder zeitlichen) **Zusammenhang** ein.
- Bei der Bewertung der Aussagen eines Quellentextes sollte man stets auch den tatsächlichen Informationsgehalt überprüfen.

Das folgende Beispiel zeigt Ihnen, wie Sie einen Text nach den oben genannten Regeln grundsätzlich strukturieren können.

BEISPIEL

Konjunktursonne über Frankreich
Inlandsnachfrage gleicht Rückgänge in Industrie aus

Bl. **Paris** (Eigener Bericht) – Während die übrige Welt unter Naturkatastrophen aller Art erbebt, sonnt sich Frankreichs Premierminister Lionel Jospin in einer Oase von Ruhe und Wachstum. Ganz so abgekoppelt von der Weltwirtschaft wie das der Karikaturist der Zeitung Le Monde sieht, ist Frankreich sicher nicht. Doch die Franzosen bekunden unerschütterlich scheinenden Optimismus und halten mit ihrer starken Inlandsnachfrage den Konjunkturmotor am Laufen.

Wirtschafts- und Finanzminister Dominique Strauss-Kahn sieht seinen Kurs bestätigt. Er könne sich nachdrücklich nur beglückwünschen für eine Politik, die die Nachfrage gestärkt und damit einen Ausgleich für eine Eintrübung der Aussichten in exportorientierten Branchen geschaffen habe. Im übrigen brachte der Minister vor einigen Tagen auch seine Befriedigung darüber zum Ausdruck, dass die in Frankreich seit Antritt der Linksregierung im vergangenen Jahr verfolgte Politik nun auch im übrigen Europa an Terrain gewinnt, vor allem in Deutschland.

Strauss-Kahn hält an seiner Wachstumsprognose für das kommende Jahr von 2,7 Prozent fest. Er begründet dies mit dem nach wie vor großen Optimismus seiner Landsleute über ihre künftige wirtschaftliche Situation, die in einem exorbitant hohen Anstieg der privaten Konsumausgaben um drei Prozent zum Ausdruck kommt.

Auch die Bauindustrie entwickelt sich prächtig und im Dienstleistungssektor nahm die Beschäftigung im Jahresvergleich um 3,4 Prozent zu. So passen auch die für September veröffentlichten Arbeitslosenzahlen ins Bild. Nach einem Anstieg im August gingen im vergangenen Monat die Erwerbslosenzahlen um 42 900 auf 2,95 Millionen zurück, was einer Quote von 11,7 (vorher 11,9) Prozent entspricht. Das ist zwar im europäischen Vergleich immer noch hoch, zumal die Statistik durch Änderungen bei der Berechnung auch nicht mit der deutschen vergleichbar ist. Doch die Regierung verweist stolz auf einen Rückgang seit ihrem Amtsantritt im Juni 1997 um 172 800. Sozialministerin Martine Aubry sieht dies auch als Folge der Einführung der 35-Stunden-Woche sowie des Beschäftigungsprogramms für Jugendliche. Letzteres habe bisher zu 90 000 Einstellungen geführt und die 150 000 für das Gesamtjahr 1998 erwarteten Jobs werden für durchaus erreichbar gehalten.

Die Frage ist nun, ob die Inlandskonjunktur auf die Dauer Rückgänge in der Industrie, die etwa 30 Prozent zum BIP beiträgt, ausgleichen kann. Vor allem exportorientierte Branchen wie die Autoindustrie sind pessimistisch. Für das letzte Quartal wird ein Rückgang der Industrieproduktion um 0,5 Prozent prognostiziert. Einige Konjunkturbeobachter, vor allem die Banken, glauben deshalb dass das Wachstum 1999 nur 2,4 Prozent oder sogar weniger als zwei Prozent betragen könnte. Sie verweisen darauf, dass der Dienstleistungssektor mit der Industrieproduktion korreliert.

Viel wird davon abhängen, ob die privaten Haushalte ihren Optimismus bewahren.

Quelle: Süddeutsche Zeitung vom 03.11.98

Analyse:

1. **Textüberschrift:** „Konjunktursonne über Frankreich" → positive konjunkturelle Entwicklung in Frankreich.
2. **Textherkunft:** Süddeutsche Zeitung → seriöse Tageszeitung → verlässliche Informationen.
3. **Untergliederung in Absätze / Sinneienheiten:**
   1. Abschnitt: Ausgleich des Exportdefizits durch gesteigerte Inlandsnachfrage.
   2. Abschnitt: Wachstumsprognose von 2,7 % für 1999 aufgrund des heimischen Konsumanstiegs von 3 % scheint nach Strauss-Kahn gerechtfertigt.
   3. Abschnitt: Wachstum auch in der Baubranche (besonders krisenanfällig) und im Dienstleistungsbereich (tertiärer Sektor) → leichter Rückgang der Arbeitslosenzahlen, die dennoch im europäischen Vergleich hoch sind.
   4. Abschnitt: Exportorientierte Industrien sehen die Perspektive für 1999 pessimistischer, ein geringeres Gesamtwachstum (2,4 bzw. 2,0 %) wäre deshalb möglich.
4. **Einordnung in einen größeren thematischen Zusammenhang:**
   - globale, wirtschaftliche Krise
   - globale Vernetzung
   - Frage, ob Europa insgesamt oder einzelne Staaten dieser Krise entgehen können.

Aufgaben

Vorbereitende Übungsaufgaben

Ü 14 Im folgenden sind einsätzige Auszüge aus Quellentexten dargestellt. Finden Sie zu jeder dieser Detailaussagen den übergeordneten Fachbegriff.

a) „Das Verhältnis der Anteile der Erwerbstätigen in den drei Wirtschaftssektoren lässt auf eine deutlich agrarische Überprägung der Gesamtwirtschaftsstruktur schließen."

b) „Die zunehmende CO_2-Emission infolge Verbrennung fossiler Energieträger dürfte die Wissenschaftswelt noch weit über die Jahrtausendwende hinweg beschäftigen."

c) „Die landesweite Geburtenrate liegt noch deutlich über der Sterberate."

d) „Durch den neu erstellten Eisenbahnanschluss hat die Region deutlich an Attraktivität gewonnen."

e) „Das Verhältnis zwischen Import- und Exportvolumen belastet das Land seit Jahrzehnten."

Ü 15 Beantworten Sie die Teilfragen zum folgenden Text:

a) Welche Ländergruppe wird angesprochen?

b) Wodurch unterscheidet sich die angesprochene Ländergruppe von den „chancenlosen" unterentwickelten Ländern?

c) Im Text werden Industrieparks und Freihandelszonen angesprochen. Geben Sie ein Beispiel für ein Land, das diesen Weg geht.

„Die rohstoffarmen und finanzschwachen Entwicklungsländer haben kaum Chancen auf eine baldige Industrialisierung.

Eine Ausnahme bilden Länder mit einer relativ gut ausgebauten Infrastruktur, höherem Bildungsniveau, einer zahlenmäßig stärkeren Führungsschicht und ähnlichen günstigen Voraussetzungen für eine wachstumsorientierte Entwicklungsstrategie auf der Basis arbeitsintensiver Exportindustrien (häufig in Industrieparks oder Freihandelszonen) oder von Dienstleistungen (z. B. Tourismus), in der Regel auf der Basis ausländischen Kapital."

Quelle: Fischer Weltalmanach 1998, S. 1090

Trainingsaufgaben auf Abiturniveau

A 10 Im Vergleich zur Republik Irland ist Nordirland wirtschaftlich strukturschwächer. Arbeiten Sie aus dem vorliegenden Text die wesentlichen Ursachen für diesen Sachverhalt heraus.

A 11 Nennen Sie die Hauptmerkmale einer Sonderwirtschaftszone in Irland und erläutern Sie, warum man sich von ihrer Einrichtung in Nordirland wirtschaftliche Impulse erhofft.

Hinweis

In der ersten Aufgabe geht es in erster Linie darum, aus dem Text Informationen herauszulesen. Bei der zweiten Frage stellt der Text lediglich die Ausgangsbasis dar. Sie müssen hier also auch noch Hintergrundwissen einfließen lassen.

Zum besseren Verständnis des Lösungsvorschlages im Anhang wurden einzelne Bereiche im Text mit Referenznummern versehen.

Die Wirtschaft als Schlüssel der Versöhnung

Bisher hängt Nordirland am Tropf von London und Brüssel/Hoffen auf Touristen und Investitionen

Belfast (AFP) – Die wirtschaftliche Entwicklung Nordirlands ist einer der Schlüsselfaktoren für die wirkliche Versöhnung zwischen Protestanten und Katholiken auf der Insel. Eine engere Verzahnung mit der Republik Irland im Süden, so hofft die britische Provinz, werde den nötigen Schub bringen. Zur Zeit ist Nordirland die wirtschaftliche schwächste Region von ganz Großbritannien. Hier wird der niedrigste Durchschnittslohn gezahlt, 20 Prozent der Haushalte – gegenüber 14 Prozent im Landesdurchschnitt – sind auf Sozialhilfe angewiesen. Die Langzeitarbeitslosigkeit ist nirgends im vereinigten Königreich derart verbreitet wie gerade in Nordirland.

Die seit knapp drei Jahrzehnten an-
① haltende Gewalt zwischen pro-bri-
⑥ tischen Protestanten und pro-iri-
schen Katholiken hat Nordirland
⑤ vor allem um Touristen und um
ausländische Investitionen gebracht, die sich statt dessen häufig nach der Republik Irland orientierten. In den 70er und 80er Jahren wurde die Provinz zudem von der Krise der westlichen Schwerindustrien voll getroffen.

So kommt es, dass der Norden der irischen Insel am Tropf von London und Brüssel hängt. Der britische Schatzkanzler zahlt der Provinz jedes Jahr drei Milliarden Pfund (gut neun Milliarden DM) direkte Subventionen. Die Europäische Union machte für die Jahre 1994 bis 1999 insgesamt 1,2 Milliarden Ecu (fast 2,4 Milliarden DM) Strukturhilfen frei. Zusätzlich erhält Nordirland für die Jahre 1995 bis 1999 mehr als 300 Millionen Ecu aus einem Sonderfonds für Frieden und Versöhnung. Die EU hat ferner 150 Millionen Ecu in einen internatio-

nalen Nordirland-Fonds eingezahlt, der nach einem irisch-britischen Abkommen von 1986 eingerichtet worden war, um grenzüberschreitende Projekte im Tourismus- und
② Infrastrukturbereich zu unterstützen.

Was Frieden auch wirtschaftlich bringen kann, haben die Waffenruhen der katholischen Untergrundorganisation IRA und der protestantischen Milizen von 1994 bewiesen. Die Zahlen zeigten eine positive Entwicklung an, trotz der 17-monatigen Unterbrechung der IRA-Waffenruhe. Die Industrieproduktion in Nordirland stieg im vergangenen Jahr um volle 22 Prozent an. In Belfast entstanden Supermärkte und Hotels, der Flugverkehr nahm drastisch zu.

Wirtschaftsminister Gordon Brown, der demnächst in die Provinz reist, hat nichts gegen eine
⑦ Wirtschaftssonderzone mit Sonderrechten in der Nähe des Belfaster Flughafens einzuwenden, nach dem Vorbild von Shannon in Irland oder Schipol in den Niederlanden. Anfang Juni wird ferner eine Gruppe
⑧ wichtiger US-Geschäftsleute in Nordirland erwartet.

Doch es ist klar, dass sich ein iso-
③ liertes Nordirland nicht selbst aus dem Sumpf ziehen kann. Daran ändert auch die Präsenz von bislang 200 ausländischen – vor allem US-amerikanischen und australischen – Unternehmen nichts, unter denen sich so bekannte Namen finden wie Du Pont, Seagate, Ford und Nortel. Schlüssel für die verheißungsvolle Zukunft bleibt eine institutionalisierte Zusammenarbeit mit Irland. Erste Schritte wurden bereits getan in den Bereichen Landwirtschaft, Verkehr und Tourismus. Allein im Tourismus könnten bei politischer Stabilität innerhalb von fünf Jahren 20 000 Arbeitsplätze geschaffen werden, glaubt die britische Regierung.

Wichtig wäre für das vom britischen Markt weit entfernte Nordirland auch, den Süden als Absatz-
④ markt für seine Produkte erschließen zu können. Im Handel zwischen dem Norden und dem Süden musste Nordirland in den Jahren 1995/96 ein Defizit von 130 Millionen Pfund (etwa 400 Millionen DM) verzeichnen.

Der britische Arbeitgebervertreter Nigel Smith sieht jedenfalls ein hoffnungsvolles Zeichen darin, dass der Anteil der eher benachteiligten katholischen Arbeitnehmer im Vergleich zu protestantischen Beschäftigten in Nordirland 1997 zunahm. Dies zeige, dass mehr auf die Zukunft gesetzt werde als in die unselige Vergangenheit.

Quelle: Süddeutsche Zeitung vom 10./12.4.98

Luftbildinterpretation

Luftbilder geben die Wirklichkeit aus der Vogelperspektive in stark verkleinerter Form wieder. Es gibt zwei Arten von Luftbildern:

- **Das Schrägluftbild**

Das Kameraobjektiv befindet sich schräg zur Erdoberfläche. Auf Schrägluftbildern erkennt man Oberflächenstrukturen (z. B. Reliefformen, Anbauflächen, Fabrikanlagen, Verkehrslinien usw.) meist relativ deutlich, denn der schräge Aufnahmewinkel und die eventuell dabei auftretende Schattenbildung vermitteln einen plastischen, oft dreidimensionalen Eindruck.

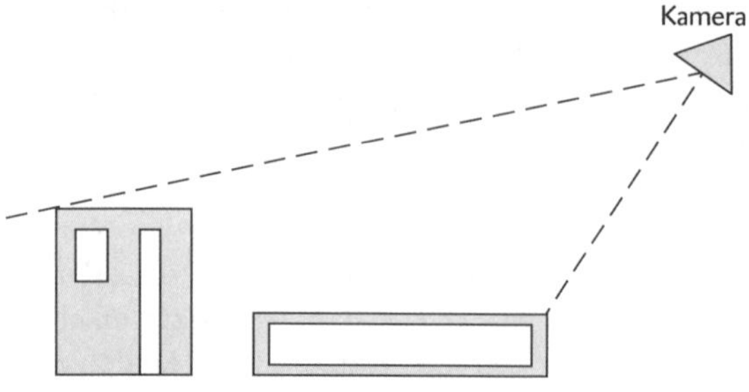

BEISPIEL

Stahlwerk Usinor bei Dünkirchen

Quelle: Informationen zur politischen Bildung, Heft 186, Neudruck 1994

- **Das Senkrechtluftbild**

Das Kameraobjektiv befindet sich senkrecht über der Erdoberfläche. Die Schwierigkeit bei der Interpretation ergibt sich aus der zweidimensionalen Wirkung solcher Aufnahmen. Senkrechtluftbilder dienen vor allem als Grundlage für die Erstellung von geographischen Karten.

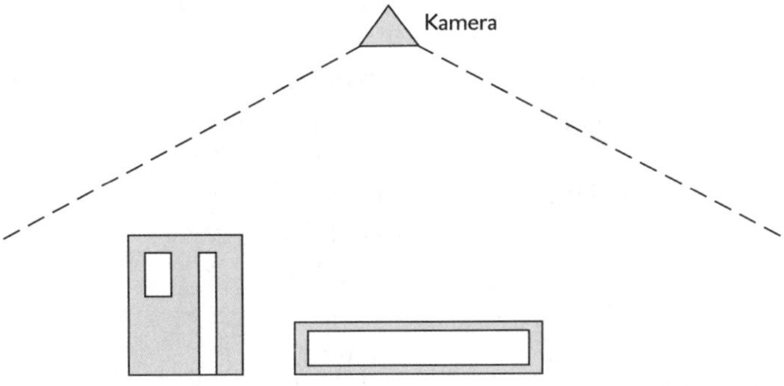

BEISPIEL

Auch ein Satellitenbild ist eine Art Senkrechtluftbild

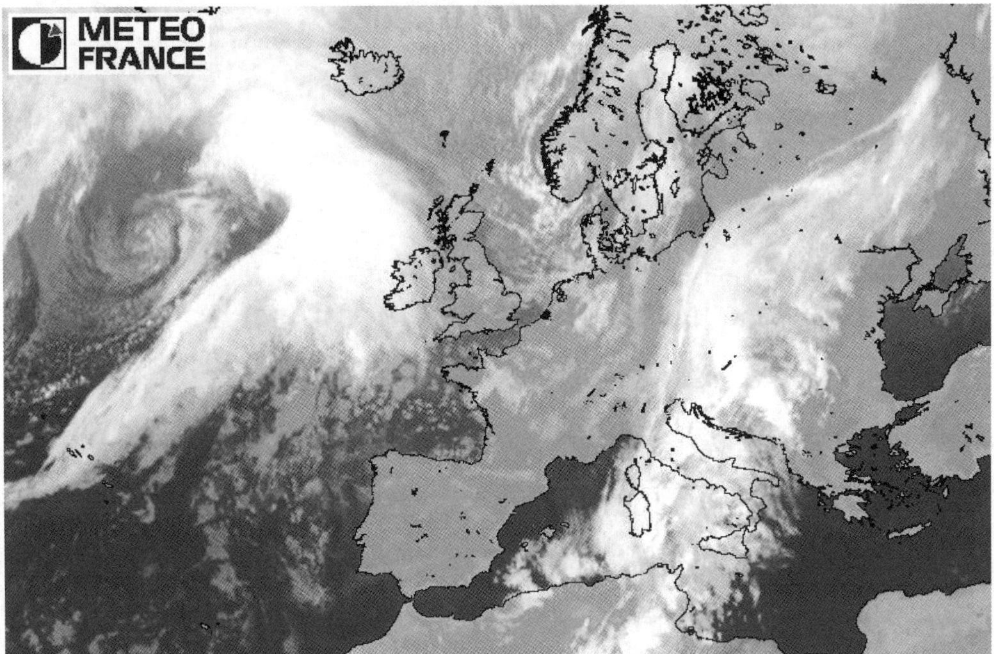

Quelle: Internet

Grundsätzliche Strategien zur Luftbildinterpretation

Vor der Interpretation eines Luftbildes sollte man zunächst eine **Segmentierung**, d. h. eine räumliche Aufteilung der Aufnahme durchführen.
Hierfür sind folgende **Aufteilungsschemata** möglich:

Schema 1:

Im linken Bildhintergrund ...	Im mittleren Bildhintergrund ...	Im rechten Bildhintergrund ...
Im linken zentralen Bereich der Aufnahme ...	Im zentralen Bereich der Aufnahme ...	Im rechten zentralen Bereich der Aufnahme ...
Im linken Bildvordergrund ...	Im mittleren Bildvordergrund ...	Im rechten Bildvordergrund ...

BEISPIEL

Standortverflechtung eines Industriebetriebs

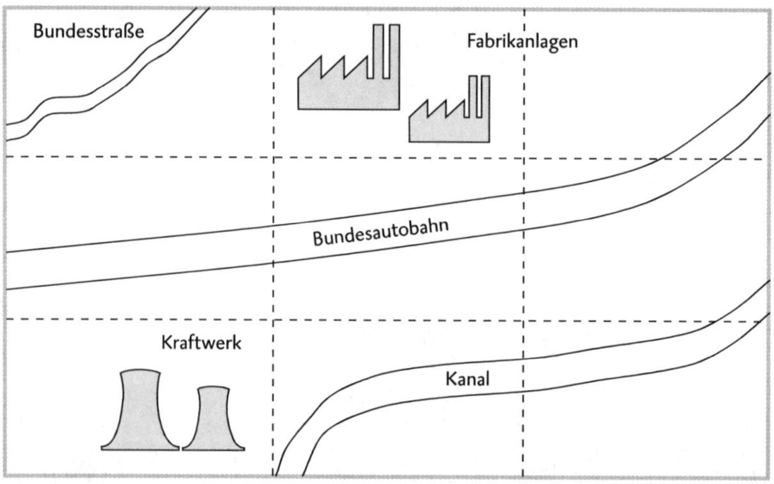

Linker Bildhintergrund: Bundesstraße
Mittlerer Bildhintergrund: Fabrikanlage
Im zentralen Bereich: Bundesautobahn (Verkehrsanschluss)
Linker Bildvordergrund: Kraftwerk (Energieversorgung)
Bildvordergrund Mitte und rechts: Kanal (Transport, Verkehrsanschluss)

Schema 2:

	Am oberen Bildrand …	
Am linken Bildrand	Im zentralen Bereich der Aufnahme …	Am rechten Bildrand
	Am unteren Bildrand …	

BEISPIEL

Standort eines Kraftwerks

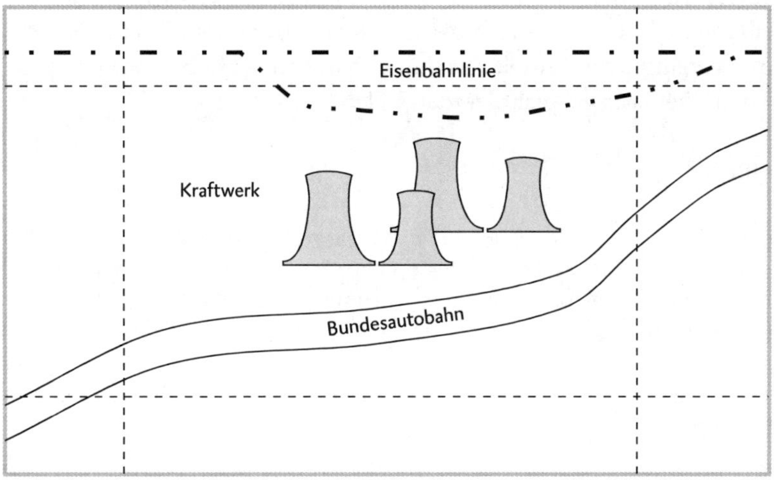

Im zentralen Bereich: Kraftwerk und Bundesautobahn
Am oberen Bildrand: Eisenbahnlinie

Ausschlaggebend für die Art der Segmentierung ist die Verteilung der zu interpretierenden Bildinhalte im Bild.

Handelt es sich um eine Aufnahme, bei der die **Interpretationselemente dispers über das Bild verteilt sind,** so empfiehlt sich das erste Segmentierungsmodell, konzentriert eine Aufnahme ihre Bildelemente vorwiegend **im zentralen oder im Randereich,** so ist das zweite Modell sinnvoll.

Sollte in einer Aufnahme durch Nordpfeil oder Texthinweis die Aufnahmerichtung angegeben sein, so macht es sicherlich Sinn, statt der eigentlichen Segmentierung bzw. zusätzlich, Richtungsangaben im Text zu verwenden.

Arbeiten mit Schrägluftbildern

Luftbilder sollte man – natürlich unter Beachtung der jeweiligen Fragestellung – nach folgendem Schema auswerten:

- **Erkennen** der räumlichen Elemente.
- **Segmentieren** des Bildes nach einer der oben beschriebenen Methoden.
- **Beschreiben**
- **Interpretieren**: In der Abiturprüfung wird von Ihnen meist nicht nur die Beschreibung eines Luftbildes sondern auch eine Interpretation der Raumstrukturen verlangt, die dann in Zusammenhang mit einer bestimmten geographischen Thematik gebracht werden sollen.

BEISPIEL

Raumstruktur	Mögliche Thematik
Dichte Industrieflächenstrukturen an bzw. vor der Küste Japans	Raumengeproblem
Höhenlinienparallele Streifenfluren in den Great Plains	Maßnahmen gegen die soil erosion
Dicht aneinandergereihte Verkehrslinien entlang eines Tales	Raumengeproblem in steilwandigen Tälern
Raffineriezentrum und verschiedene petrochemische Industriestandorte	Horizontale und vertikale Standortverflechtungen
Braunkohlentagebau	Landschaftsverbrauch

Arbeiten mit Senkrechtluftbildern

Wie bereits erwähnt, stellen Senkrechtluftbilder deutlich höhere Anforderungen an Ihre Interpretationsfähigkeit. Häufig fehlende Schattenwirkung, zweidimensionale Dominanz und fehlende (Schräg-)Einsicht auf die Bildelemente tragen dazu bei. Allerdings kommen Senkrechtluftbilder in der Abiturprüfung relativ selten vor.

Betrachten Sie ein Senkrechtluftbild wie eine **Karte.** Doch Vorsicht! In den Anlagen Ihrer Abituraufgabe werden diese Bilder aus drucktechnischen Gründen in Schwarz-Weiß-Darstellung abgebildet. Die dabei auftretenden Grautöne erschweren die Interpretation. Gleiche Grauschattierungen verleiten schnell zu Fehlinterpretationen, Flächensignaturen, wie sie in Karten üblich sind, fehlen.

Zusammenfassung

Diese Hinweise helfen Ihnen beim Arbeiten mit Luftbildern:

1. Gewöhnen Sie sich ein **systematisches Vorgehen** an: Unterscheiden Sie dabei Wasser- von Landflächen, flächenhafte, linienförmige und punktförmige Bildelemente.
2. **Flächenhafte Elemente** können beispielsweise die landwirtschaftliche und forstwirtschaftliche Nutzung, insbesondere die Flurformen anzeigen. Dunklere Flächen deuten oft auf bewaldete Areale hin.
3. **Linienförmige Elemente** können beispielsweise Verkehrslinien, Fluss- und Kanalläufe anzeigen.
4. **Punktförmige** oder **kleinräumige Elemente** deuten beispielsweise auf Siedlungs- und Gebäudestrukturen hin.
5. Achten Sie auf **regelmäßige Raummuster**. Sie deuten meistens auf die Auswirkungen menschlicher Aktivitäten hin (z. B. Reihenhaussiedlungen, landwirtschaftliche Nutzung, Städtebau, Industrieflächen usw.).
6. Achten Sie auf die **Lage von Siedlungsstrukturen** (z. B. an einem Gewässer, an der Küste, auf einem Schwemmkegel, an einem Hangknick).

Aufgaben

Vorbereitende Übungsaufgaben

Ü 16 Welche „Vorteile“ zeigt ein Schrägluftbild im Vergleich zu einem Senkrechtluftbild.

Ü 17 In diesem Kapitel werden zwei Arten der Unterteilung von Luftbildern dargestellt:
Segmentierung 1: 3 × 3 Rechtecke, Segmentierung 2: Zentrale Fläche mit oberem, unterem, linkem und rechtem Bildrand.
Im folgenden wird eine Serie von Luftbildern beschrieben. Ordnen Sie den einzelnen Luftbildbeispielen die Segmentierung 1 bzw. 2 zu.

a) Bild einer Family Farm im Mittleren Westen der USA (Farmgebäude im Zentrum, in den Randbereichen umliegende landwirtschaftliche Flächen.
b) Totalaufnahme einer Erdölraffinerie.

Ü 18 Sie sollen ein Luftbild (Rheintal) innerhalb der Thematik Verkehrsanbindung erläutern. Nach welchen Details suchen Sie?

Trainingsaufgabe auf Abiturniveau

A 12 Erläutern Sie das Problem der Raumenge Japans anhand des vorliegenden Schrägluftbildes. Beschreiben Sie auch in der Aufnahme erkennbare Maßnahmen, die zur Minderung dieses Problems beitragen.

Blick auf die weitläufigen Hafenanlagen der Industriestadt Yokohama

Quelle: Japan-Photo-Archiv, Kaarst

Karikaturen

Karikaturen sind ein beliebtes Mittel, um auf eine durchaus ernsthafte Thematik oder Problematik mit Hilfe einer humorvoll ironisierenden oder gar sarkastischen Bilddarstellung aufmerksam zu machen und Kritik zu üben.

Grundsätzliche Strategien zum Interpretieren von Karikaturen

Das „Lesen" von Karikaturen beinhaltet die drei folgenden Elemente:

- Beschreiben der einzelnen Bildelemente.
- Erkennen der im Bild dargestellten Detailthematik.
- Transfer dieser Detailthematik auf die zugrundeliegende Grundproblematik (und deren Erläuterung, evtl. auch deren Bewertung).

Bei der Interpretation von Karikaturen kommt der Herstellung des Themenbezuges somit größte Bedeutung zu. Die Karikatur selbst kann als eine Art **Momentaufnahme** bezeichnet werden, die den Anreiz zur Beschreibung der gesamten **Komplexität eines Problemkreises** gibt.

BEISPIEL

Weltklimakonferenz

Karikatur: Haitzinger, H.: Globetrottel. Karikaturen zur Umwelt. München 1989, S. 87

Transfer Bildelement ⇒ Problematik

Elemente/Bildelemente	Interpretation
Wetterfrosch	Übernimmt die Funktion der Vorhersage (somit erhält die Karikatur prognostizierenden Charakter)
Floßbau	Hinweis auf mögliches Ansteigen des Wasserspiegels
Relative Geschäftigkeit bei der Arbeit	Hinweis darauf, dass das Weltklimaproblem, insbesondere die Problematik des anthropogenen Treibhauseffektes mittlerweile höchste Dringlichkeitsstufe erreicht hat
Frosch wird von mehreren älteren Herrn beobachtet	Teilnehmer der Weltklimakonferenz (Überschrift!), Regierungsvertreter
Unschlüssiges Dreinblicken der älteren Herren	Unmut und Unschlüssigkeit bei der gemeinsamen Erstellung weltklimaschützender Konventionen

Je nach Fragestellung könnte die Interpretation der Karikatur in die Erläuterung der angesprochenen Gesamtproblematik *Weltklima und Treibhauseffekt* münden.

Aufgaben

Vorbereitende Übungsaufgaben

Ü 19 Erläutern Sie die im folgenden genannten Bildelemente in Bezug auf die jeweils übergeordnete Gesamtproblematik.

a) Ein Waldarbeiter mit der Aufschrift „Entwicklungsländer" sägt einen Ast eines Baumes ab. Er sitzt allerdings am äußersten Ende des Astes.

b) Ein Fisch in einem Aquarium mit der Aufschrift „Grundwasser" spuckt in hohem Bogen das Wasser über den Aquarienrand hinaus, das seinen Lebensraum bildet.

c) In einer Erdkundestunde zeigt die Lehrerin mit einem Zeigestab auf die Nordsee (Wandkarte). Ein Schüler benennt dieses Gebiet mit „Totes Meer".

d) An einem Nadelbaum hängt eine Infusionsflasche.

e) Ein Finanzberater, ausgestattet mit Handy und Laptop sitzt vor einer Holzhütte im amazonischen Regenwald und rechnet einer eingeborenen Familie einen Finanzplan für die Tilgung der Schulden vor.

f) Ein Gärtner pumpt CO_2 in eines seiner Treibhäuser.

Ü 20 Beschreiben Sie anhand der Bildelemente der folgenden Karikaturen die jeweils dargestellte Thematik.

Karikatur: Nik Ebert

„Na bitte – keine kranken Bäume mehr!“

Karikatur: Gerhard Meester. Cartoon Caricature Contor, München

Karikatur: Ernst Heidemann

Trainingsaufgaben auf Abiturniveau

A 13 Beschreiben Sie die wesentlichen Bildelemente der folgenden Karikatur und stellen Sie deren inhaltliches Zusammenwirken dar.

A 14 Übertragen Sie diese Momentaufnahme auf die zugrundeliegende Gesamtproblematik.

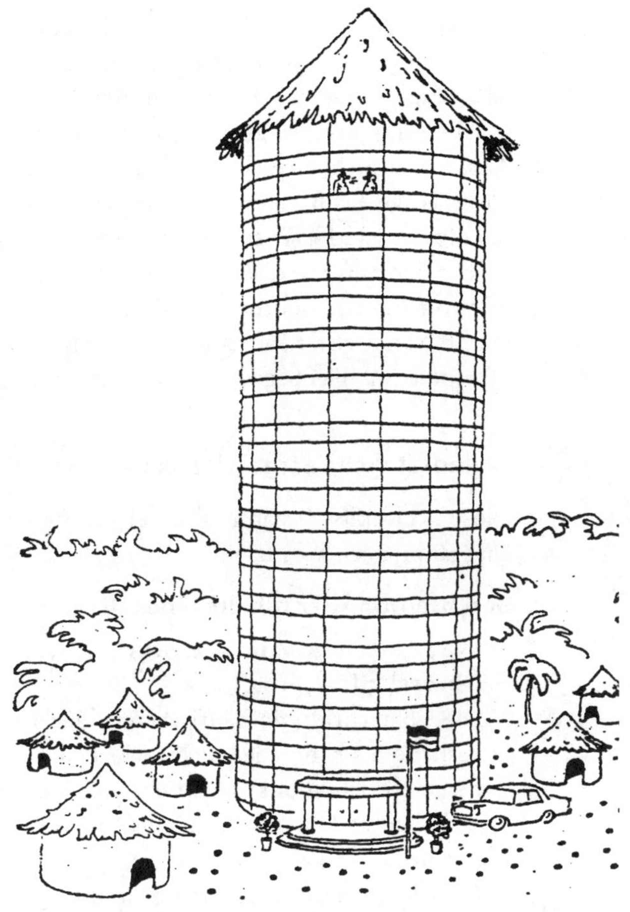

„Glauben Sie mir, Meier, das Allerwichtigste bei der Entwicklungshilfe ist Einfühlungsvermögen.“

Karikatur: Erik Liebermann

Diagramme

Diagramme setzen **Zahlenmaterial graphisch** um und machen es daher besser lesbar und vergleichbar.

So lassen sich z. B. Entwicklungen aus einem Diagramm relativ problemlos ablesen, während man bei einer Statistik erst rechnen muss. Es ist auch möglich, mehrere Sachverhalte gleichzeitig darzustellen und somit einen Vergleich bzw. einen Bezug der Daten zu ermöglichen.

Allerdings weisen Diagramme in der Auswertung auch Probleme auf. Die Aussage ist nicht so exakt wie bei einer Statistik, man kann also nicht ganz so zuverlässige Schlüsse ziehen. Die zweite Schwierigkeit liegt in der großen Bandbreite, statistisches Material graphisch umzusetzen. Je nachdem welchen Zweck der Autor verfolgt, kann er einzelne Inhalte betonen bzw. andere Faktoren in ihrer Bedeutung herabsetzen. Das Auge lässt sich von einem Diagramm viel leichter täuschen als von reinem Zahlenmaterial und somit ist eine Manipulation in eine gewünschte Richtung leicht zu erreichen.

Grundsätzliche Strategien zur Auswertung von Diagrammen

Diese „Checkliste" kann man bei der Beschreibung und Interpretation aller Diagrammarten heranziehen:

Beschreibung der Inhalte eines Diagramms

- **Was wird dargestellt?** (Zu welchem Zweck wurde das Diagramm angefertigt?)
  Überschrift
  Die Überschrift gibt häufig bereits den Hinweis auf die dargestellten Sachverhalte. Es kann aber auch sein, dass der Diagrammtitel einen übergeordneten Gesichtspunkt anspricht, der dann durch die im Diagramm veranschaulichten Materialien seinen Ausdruck finden soll.
  Inhalte
  Ein oder mehrere Sachverhalte können gleichzeitig dargestellt werden.
- Welchen **Zeitraum** umfasst das Diagramm? Wann war der **Zeitpunkt der Erhebung?**
  Wenn man diese beiden Faktoren im Blick behält, kann man vermeiden, dass man Zukunftsprognosen im Diagramm mit realen Entwicklungen verwechselt.
- Welche **Maßeinheiten** werden verwendet?
  Berücksichtigen Sie stets, ob es sich um Prozentzahlen, absolute Werte oder Vergleichswerte (Index 100) handelt. Nur so können Ihre Aussagen fundiert

sein. Oft besteht ja ein scheinbarer Widerspruch zwischen absoluten und Prozentwerten. Z. B. die Getreideproduktion eines Staates steigt, aber die pro Kopf-Produktion sinkt (bedingt durch eine starke Bevölkerungszunahme).

- Welcher **Raum** wird dargestellt? Werden Aussagen zu **miteinander vergleichbaren Teilräumen** gemacht?
- Stellen Sie zunächst **allgemeine Tendenzen** fest, erarbeiten Sie dann **Teilaspekte** und **Teilentwicklungen**.
- Zeigen Sie **Extremwerte** auf, kennzeichnen Sie **Maxima** bzw. **Minima**, die eine vorhandene Tendenz bestätigen oder als Ausnahmesituationen gelten müssen.
- Stellen Sie eine **Verknüpfung** zwischen den einzelnen Teilaussagen her.

Interpretation eines Diagramms

Dieser Schritt verlangt von Ihnen meist ein Zurückgreifen auf Ihre Vorkenntnisse und Fertigkeiten. In der Regel handelt es sich um den Transfer erworbenen Wissens auf ein neues Thema. Es kann auch notwendig sein, dass Sie zusätzliche Informationsquellen wie z. B. den Atlas mit heranziehen müssen.
Gängige Arbeitsaufträge hierzu sind z. B.:

- Erläutern Sie die Gesamttendenz/Teiltendenzen unter einem bestimmten Aspekt ...
- Erklären Sie das Auftreten von Extremwerten und/oder Ausnahmen ...
- Erklären Sie Zusammenhänge ...
- Ziehen Sie aus dieser Analyse ihre Schlüsse, bewerten Sie, nehmen Sie kritisch Stellung usw. ...

Arbeiten mit Standarddiagrammen

Säulendiagramme und Balkendiagramme

Die Säulen in Säulendiagrammen sind senkrecht, die Balken oder Streifen in Balken- oder Streifendiagrammen waagerecht angeordnet.

Die Länge der jeweiligen Säulen, Balken bzw. Streifen lässt Rückschlüsse auf eine bestimmte Quantität zu. In Säulendiagrammen können **absolute** oder **prozentuale** Werte dargestellt werden. Dabei können die Säulen oder Balken

- nebeneinender/übereinander,
- hintereinander/übereinander versetzt
- aufeinander gestapelt/aneinander angereiht

gezeichnet werden.

BEISPIELE

Säulendiagramm mit nebeneinander angeordneten Säulen

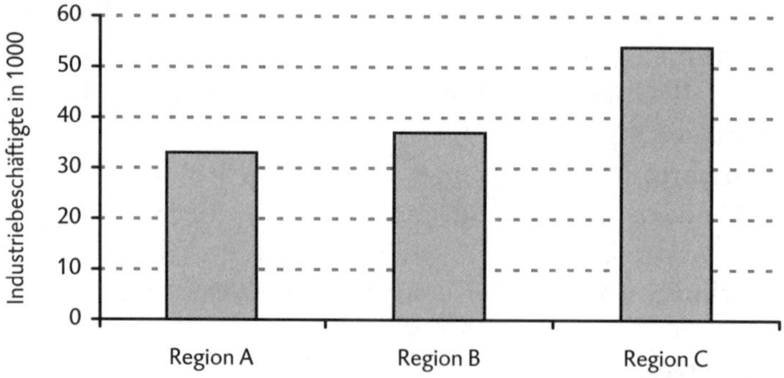

Balken- oder Streifendiagramm mit übereinander angeordneten Balken

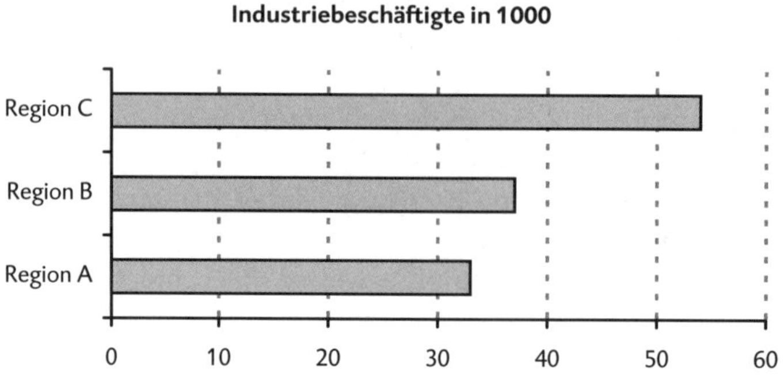

Säulendiagramm mit hintereinander versetzt angeordneten Säulen

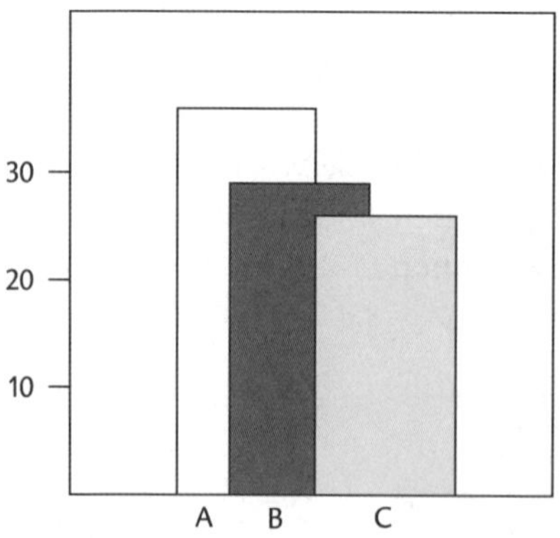

Balkendiagramm mit übereinander versetzt angeordneten Balken

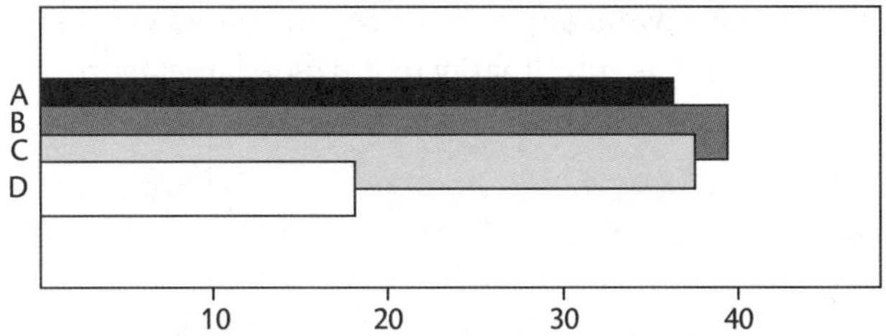

Bei **gestapelten oder aneinandergereihten Diagrammen** muss zunächst mit einem Lineal die Länge eines Säulenabschnitts abgemessen werden. Diese Länge kann dann von der Nulllinie aus an der Skalierung abgelesen werden.

BEISPIELE

Gestapeltes Säulendiagramm

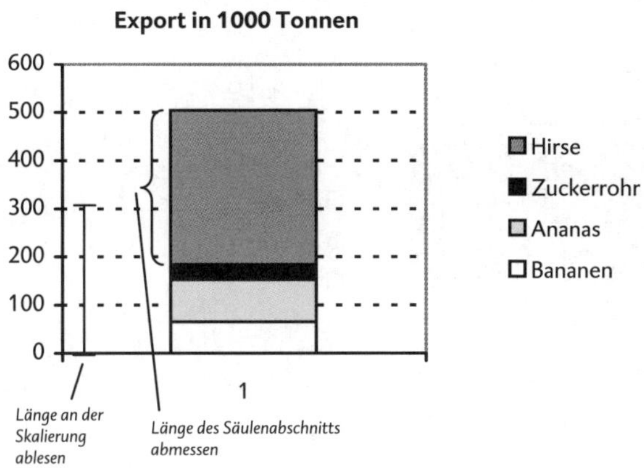

Balkendiagramm mit aneinander gesetzten Balkenabschnitten

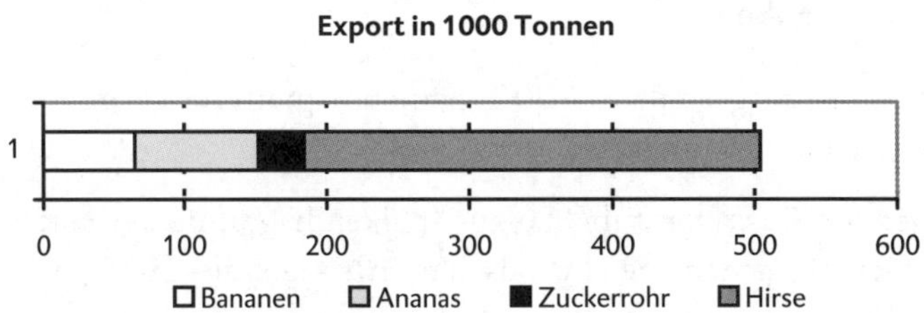

Der Wert für Hirse beträgt in diesen Diagrammen also nicht 500.000 Tonnen, sondern etwa 320.000 Tonnen!

Besonderheit: Gestapelte 100 %-Diagramme

Bei diesen Diagrammen werden die jeweiligen Einzelabschnitte einer gestapelten Säule bzw. eines gestapelten Balkens anteilmäßig in Prozent dargestellt.

BEISPIELE

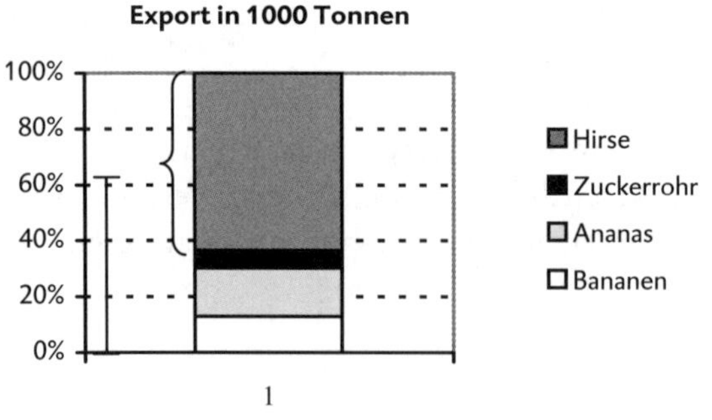

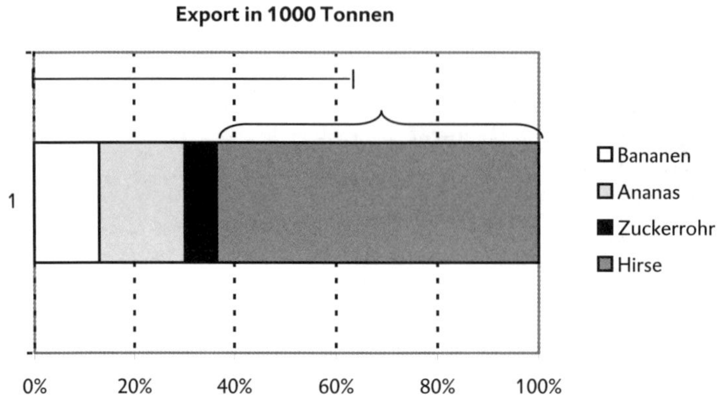

Aufgaben

Vorbereitende Übungsaufgaben

Ü 21 Welche Vorteile bieten gestapelte 100 %-Säulendiagramme gegenüber nebeneinander gestellten Säulen?

Ü 22 Einige der folgenden Aussagen zum Säulen-/Balkendiagramm enthalten inhaltliche Fehler. Streichen Sie die falschen Aussageteile durch und verbessern Sie diese.

a) Säulendiagramme eignen sich generell nur zur Darstellung von Anteilen.

b) Dreidmensionale Balken verstärken die Genauigkeit beim Ablesen.
c) Ein gestapeltes Säulendiagramm von absoluten Werten lässt keinerlei Rückschlüsse auf die jeweiligen Anteile der Säulensegmente zu.
d) Säulen sind senkrecht angeordnete, Balken waagerecht angeordnete Signaturen.

Trainingsaufgaben auf Abiturniveau

A 15 Nennen Sie für Griechenland die prozentuale Verteilung der Erwerbstätigen in den drei Wirtschaftssektoren.

A 16 Differenzieren Sie die vorliegenden Staaten nach ihrer Erwerbsstruktur in drei Gruppen.

A 17 Führen Sie mögliche Gründe für die jeweils charakteristische Erwerbsstruktur der drei Gruppen an.

A 18 Nennen Sie weitere Indikatoren, die für eine umfassende Kennzeichnung des wirtschaftlichen Entwicklungsstandes eines Staates notwendig sind.

Erwerbsstruktrur in ausgewählten europäischen Staaten
Anteile an der Gesamterwerbstätigenzahl 1994/95

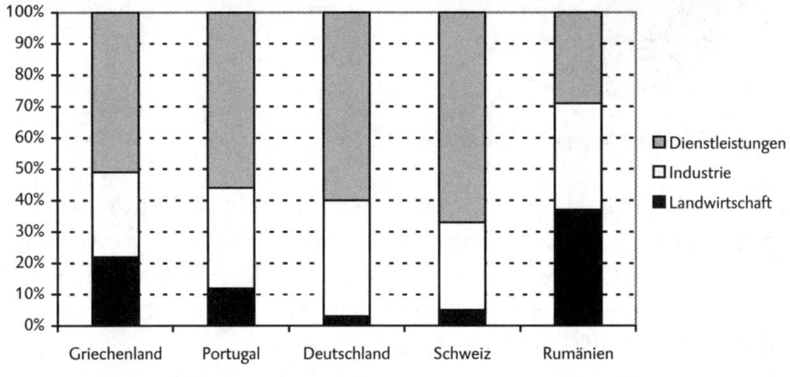

Daten nach: Fischer Weltalmanach 1998

Kreissektorendiagramme

Diese Diagrammart dient ausschließlich dazu, **Anteile** darzustellen. Für ein Kreissektorendiagramm gilt folgendes:

- 360 Grad (ein Vollkreis) entsprechen 100 %,
- also entsprechen 3,6 Grad einem Prozent.

Fehlt im Diagramm die genaue Prozentangabe, müsste man auf recht mühevolle Weise (z. B. mit Hilfe des Geodreiecks) die jeweiligen Gradwerte ermitteln und das Ergebnis durch 3,6 teilen um den Prozentwert zu erhalten.

Gut (grob) ablesbar sind Viertelkreise (25 %), Halbkreise (50 %) und Dreiviertelkreise (75 %).

BEISPIEL

Abfallaufkommen in Deutschland 1993

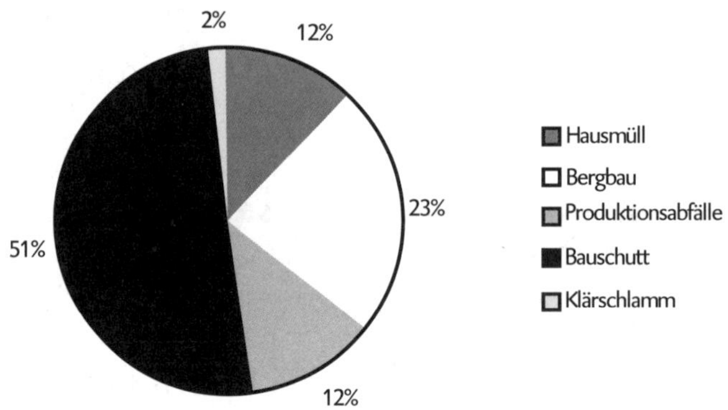

Daten nach: Fischer Weltalmanach 1998, S. 1223

Im oben abgebildeten Kreissektorendiagramm sind die Prozentwerte zusätzlich angegeben. Aber selbst ohne diese Werte wird schnell deutlich, dass z. B. das Bauschuttaufkommen etwa die Hälfte der Gesamtabfallmenge ausmacht, die Abfälle aus dem Bergbau entsprechen etwa einem Viertel und Hausmüll und Produktionsabfälle etwa je einem Achtel.

In Mode gekommen sind auch **dreidimensionale** Abbildungen und **Explosionsdarstellungen**.

BEISPIELE

Dreidimensionale Abbildung

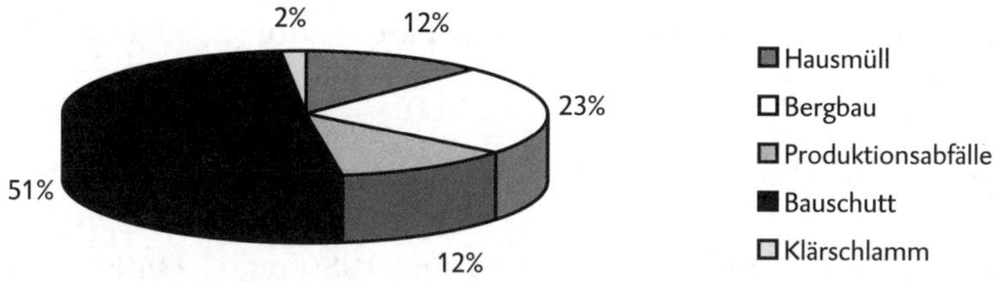

Explosionsdarstellung

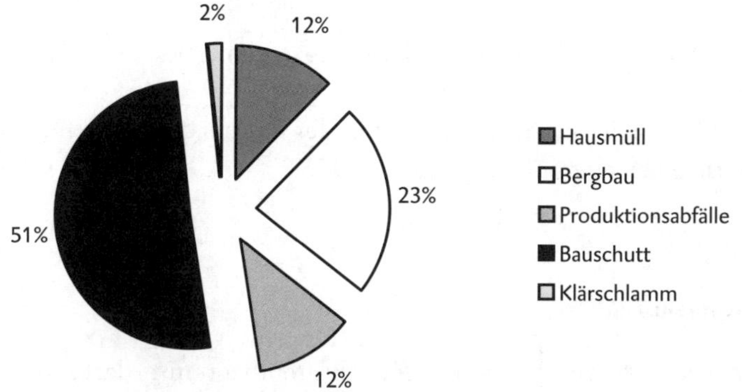

Über den Sinn dieser Abbildungsarten kann man streiten. Fest steht allerdings, dass sie, wenn keine Prozentwerte angegeben sind, das Ablesen von Werten eher erschweren.

In zahlreichen thematischen Karten findet man heute **kombinierte Kreissektorendiagramme**. Sie haben den Vorteil, dass in ihnen ein Höchstmaß an Informationen raumsparend (in Karten wichtig!) untergebracht werden kann.

BEISPIEL

Bei dieser Art von Diagramm kommen im Vergleich zum gewöhnlichen Kreissektorendiagramm zwei weitere Graphikelemente hinzu:

- Die Kreisfläche ist **zweigeteilt**. Somit kann man z. B. zwei Jahre (hier 1980 und 95) oder zwei verschiedene Indikatoren miteinander vergleichen.

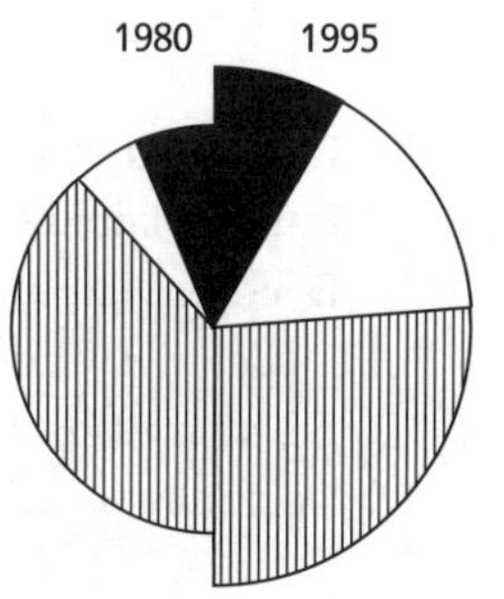

- Der **Durchmesser** der jeweiligen Halbkreise kann mithilfe einer Maßstabsleiste auch die **absoluten Zahlenwerte** darstellen.

Vorsicht! Die einzelnen Sektorengrößen beziehen sich nun nicht mehr auf einen Voll-, sondern auf einen Halbkreis! Ein Halbkreissektor (180 Grad) entspricht dann eben 100 %. Somit entsprechen 1,8 Grad einem Prozent.

Generell lassen sich also für das oben abgebildete Diagramm folgende Aussagen machen:

- Die Anteile der beiden schwarzen Sektoren sind 1980 und 1995 in etwa gleich geblieben (etwa 14–16 %).
- Stark verändert haben sich die weißen Sektoren: 1980 etwa 14 %, 1995 etwa 34 %.
- Sehr stark verändert haben sich die schraffierten Sektoren: 1980 etwa 75 %, 1995 etwa 52 %
- Stark verändert haben sich die absoluten Werte: der Radius des Halbkreises von 1980 ist deutlich geringer im Vergleich zu 1995.

Aufgaben

Vorbereitende Übungsaufgaben

Ü 23 Wieviele Anteile können in einem Kreissektorendiagramm dargestellt werden?

Ü 24 Ermitteln Sie die Prozentanteile der drei Sektoren im folgenden Kreissektorendiagramm.

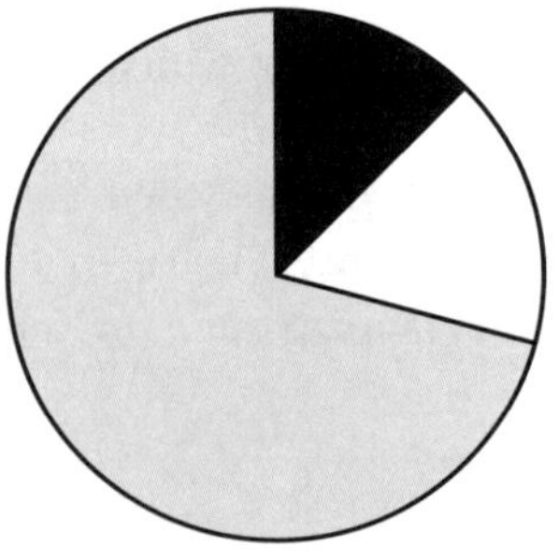

Ü 25 Ein geteiltes Kreissektorendiagramm zeigt folgende Struktur:
Linker Halbkreis: Sektor 1 (schwarz): 90°, Sektor 2 (weiß): 90°
Rechter Halbkreis: Sektor 1 (schwarz): 60°, Sektor 2 (weiß): 120°
Durchmesser der linken Kreishälfte: 2 cm
Durchmesser der rechten Kreishälfte: 3 cm
Zeichnen Sie dieses geteilte Kreissektorendiagramm.

Abiturähnliche Trainingsaufgaben

Die tunesischen Fremdenverkehrsstandorte

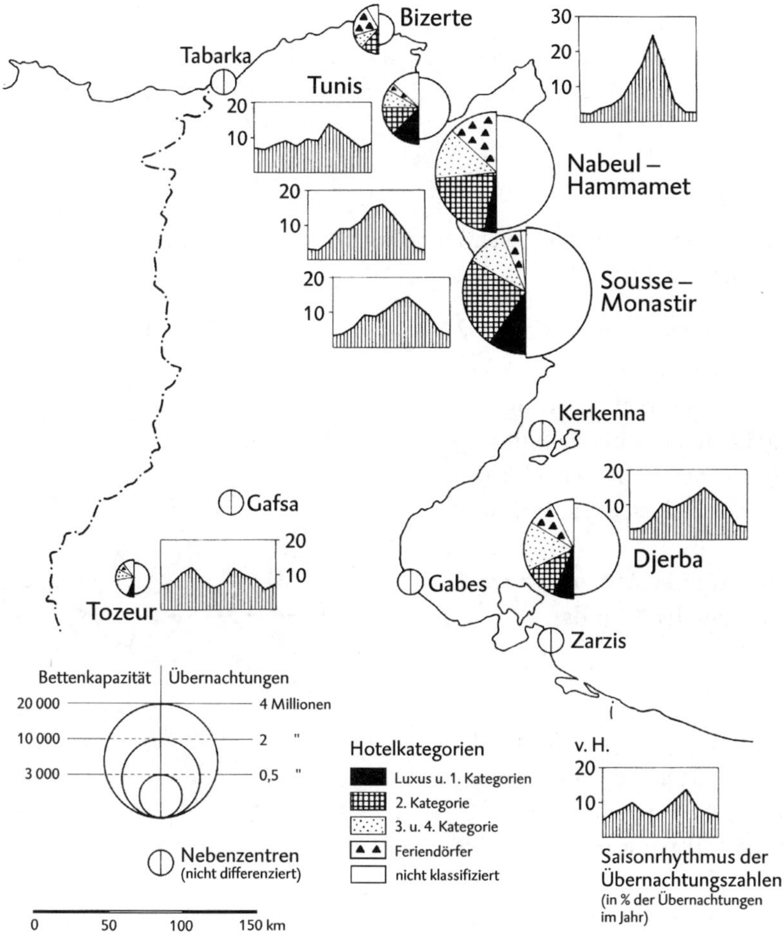

Quelle: Prof. Dr. Adolf Arnold, Geogr. Institut Uni Hannover

A 19 Lesen Sie für die tunesische Insel Djerba die Zahl der Übernachtungen pro Jahr, die Gesamtbettenkapazität sowie den ungefähren Anteil (in %) der Bettenkapazität der Feriendörfer ab.

A 20 Berechnen Sie die durchschnittliche Übernachtungszahl pro Bett in Nabeul-Hammamet.

A 21 Beschreiben und begründen Sie die saisonale Verteilung der Übernachtungen.

Dreiecksdiagramme

Dreiecksdiagramme werden dann verwendet, wenn **drei zusammenhängende Anteile (Prozentwerte)** graphisch dargestellt werden sollen, welche zusammen 100 Prozent ergeben.

Die Standardanwendung für dieses Diagramm ist z. B. die Darstellung der Erwerbsstruktur (Anteile der Erwerbstätigen in den drei Wirtschaftssektoren, siehe Beispiel Seite 63).

Konstruktion

Sollte eine Abituraufgabe das Zeichnen eines solchen Diagramms verlangen, dann gehen Sie wie folgt vor:

Konstruieren Sie ein **gleichseitiges Dreieck** mit der Seitenlänge 10 cm.

- Zunächst die Basis zeichnen (10 cm).
- Dann mit dem Zirkel 10 cm abstecken, an beiden Endpunkten der Basis einstechen und die Kreisbögen so anzeichnen, dass sie sich schneiden.
- Der Schnittpunkt stellt die Spitze des Dreiecks über der Basis dar.

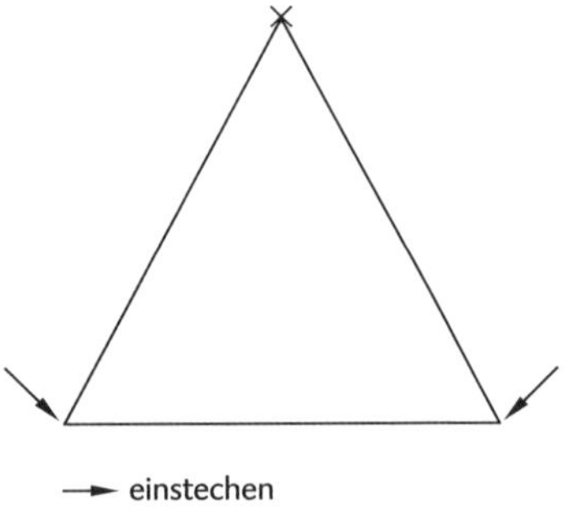

- Alle drei Seiten im 1-cm-Abstand **gegen den Uhrzeigersinn**, beginnend mit der Basis, skalieren und beschriften (also jeweils mit 0 % bis 100 %).
- Eventuell parallel zu den drei Seiten Hilfslinien im 20 %-Abstand einzeichnen. Sie erleichtern später den Eintrag der Werte.

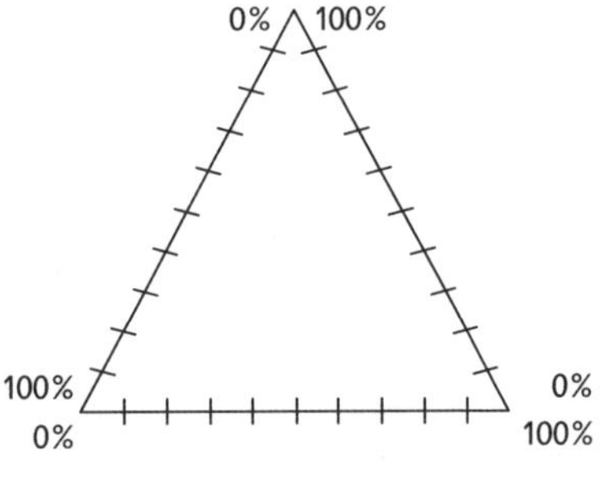

- An den drei Seiten die Bezeichnungen für die drei Werte (z. B. primärer, sekundärer und tertiärer Sektor) gegen den Uhrzeigersinn, mit der Basis beginnend einfügen.
- Den Diagrammtitel einfügen.

BEISPIEL

Anteil der Erwerbstätigen in den einzelnen Wirtschaftssektoren

In ein Dreiecksdiagramm sind folgende Werte einzutragen: 35 % der Erwerbstätigen im primären, 30 % im sekundären und 35 % im tertiären Sektor.

1. Konstruieren Sie ein gleichseitige Dreieck.
2. Skalieren Sie es im 1-cm-Abstand gegen den Uhrzeigersinn.
3. Markieren Sie auf der Basislinie (hier: primärer Sektor) den Wert 35 %.
4. Die Anfertigung des Diagramms erfolgte gegen den Uhrzeigersinn. Behalten Sie dieses Prinzip jetzt bei, indem Sie **parallel zu der (gegen den Uhrzeigersinn) vorangehenden Seite** (hier: tertiärer Sektor) eine Linie durch den markierten Wert 35 % auf der Basis ziehen.
5. Wiederholen Sie die Schritte 3. und 4. für den sekundären Sektor. Beachten Sie dabei aber die unterschiedlichen Prozentangaben.
6. Der einzutragende Punkt ist der Schnittpunkt der drei Linien.
7. Machen Sie die Probe: Lesen Sie den Wert für den tertiären Sektor aus dem Diagramm ab und überprüfen Sie, ob dieser abgelesene Wert mit dem vorgegebenen Wert übereinstimmt.

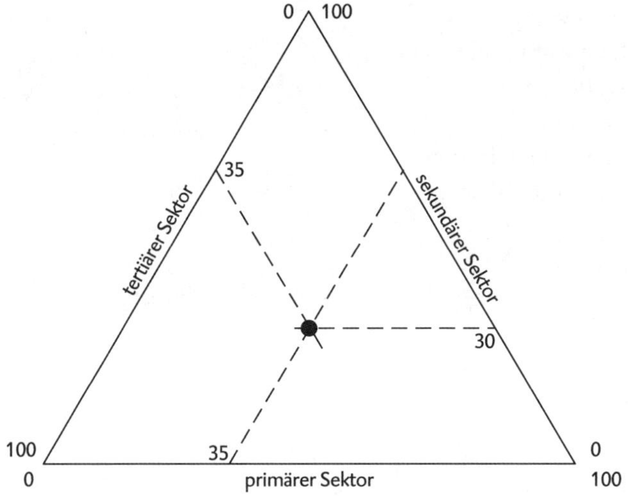

Darstellung zeitlicher Entwicklungen

Dreiecksdiagramme eignen sich auch vorzüglich dafür, zeitliche Entwicklungen aufzuzeigen. Dann werden die jeweiligen Werte für unterschiedliche Jahre eingetragen, z. B. von 1750 (vorindustriell) bis 2000 (postindustriell). Hat man hierbei Datenreihen mit in etwa gleichen Zeitabständen (z. B. 1750, 1800, 1850 usw.), so lässt sich daraus eine allgemeine Gesamtentwicklung im Diagramm aufzeigen, die man dadurch sichtbar macht, dass man die Punkte der verschiedenen Jahre miteinander verbindet.

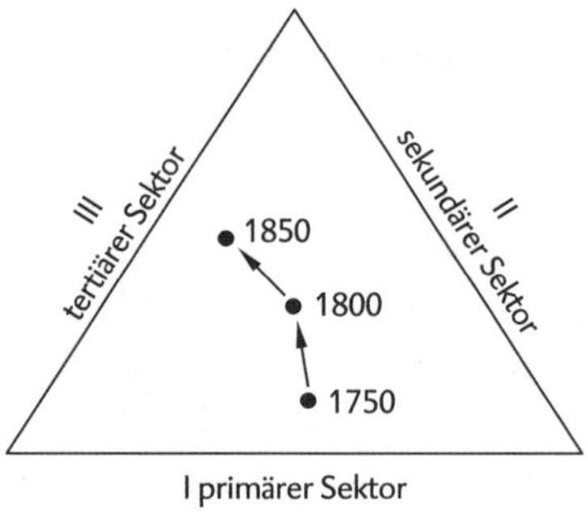

Darstellung von Ländertypisierungen

Dreiecksdiagramme werden häufig auch dafür verwendet, eine ganze Reihe von verschiedenen Ländern oder Regionen in einem Diagramm darzustellen. Dann ergeben sich Punktehäufungen, die sich wegen ihrer Position im Diagramm und ihrer räumlichen Nähe zueinander zu verschiedenen Ländertypen (z. B. stark unterentwickelte Länder, Schwellenländer, industrialisierte Länder, o. ä.) zusammenfassen lassen.

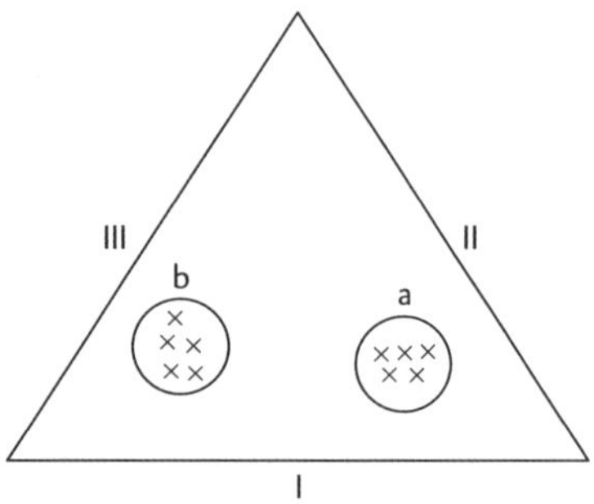

a unterschiedliche Länder
b Industrieländer

In diesem Fall kennzeichnet die Ländergruppe

a jene Länder, die z. B. durch einen hohen Anteil der Erwerbstätigen im primären Sektor (etwa 70 %) ausgezeichnet sind

b jene Länder, die durch einen hohen Anteil im tertiären Sektor (bei geringem Anteil im primären) ausgezeichnet sind.

Aufgaben

Abiturähnliche Trainingsaufgaben

A 22 Konstruieren Sie zu untenstehender Tabelle ein vollständig beschriftetes Dreiecksdiagramm.

A 23 Zeichnen Sie die angegebenen Werte aus der Tabelle in dieses Diagramm ein.

A 24 Erläutern Sie die Entwicklung des Bruttosozialproduktes im Sudan.

A 25 Zeichnen Sie in das Diagramm mit gestrichelter Linie ungefähr den Bereich ein, in welchem sich die westlichen Industrieländer wiederfinden würden.

Entstehung des Bruttosozialproduktes im Sudan in den Jahren 1968, 1987 und 1991

Landwirtschaft	38 %	37 %	30 %
Industrie	8 %	15 %	15 %
Dienstleistungen	54 %	48 %	55 %
Jahr	1968	1987	1991

Quelle: PC Globe 1989 und H. D. Nelson, Area Handbook for the Democratic Republic of Sudan, Washington 1973, S. 244

Kurvendiagramme

Kurvendiagramme dienen vorwiegend dazu, eine kontinuierliche Entwicklung darzustellen. In einem Kurvendiagramm können ein, aber auch mehrere Sachverhalte gleichzeitig dargestellt werden, was deren Vergleich untereinander ermöglicht.

Darstellung eines Sachverhaltes

BEISPIEL

Krankenhausbetten pro 100 000 Einwohner in Sri Lanka

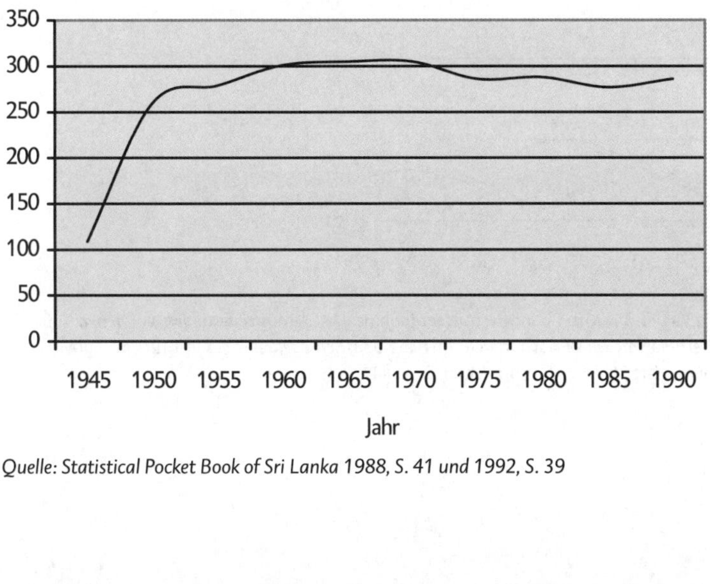

Quelle: Statistical Pocket Book of Sri Lanka 1988, S. 41 und 1992, S. 39

Hier wird deutlich, dass das ceylonesische Gesundheitswesen von 1945 bis 1950 drastisch verbessert worden ist (zumindest was die Versorgung mit Krankenhausbetten betrifft). Seit 1950 hat es abgesehen von geringen Schwankungen kaum große Veränderungen gegeben. **Doch Vorsicht:** Dies bedeutet **nicht,** dass keine neuen Krankenhausbetten hinzugekommen sind! Für eine genauere Analyse wäre die Entwicklung der Bevölkerungszahl heranzuziehen.

Darstellung mehrerer Sachverhalte

BEISPIEL

Kubanischer Zuckerexport in 1000 Tonnen

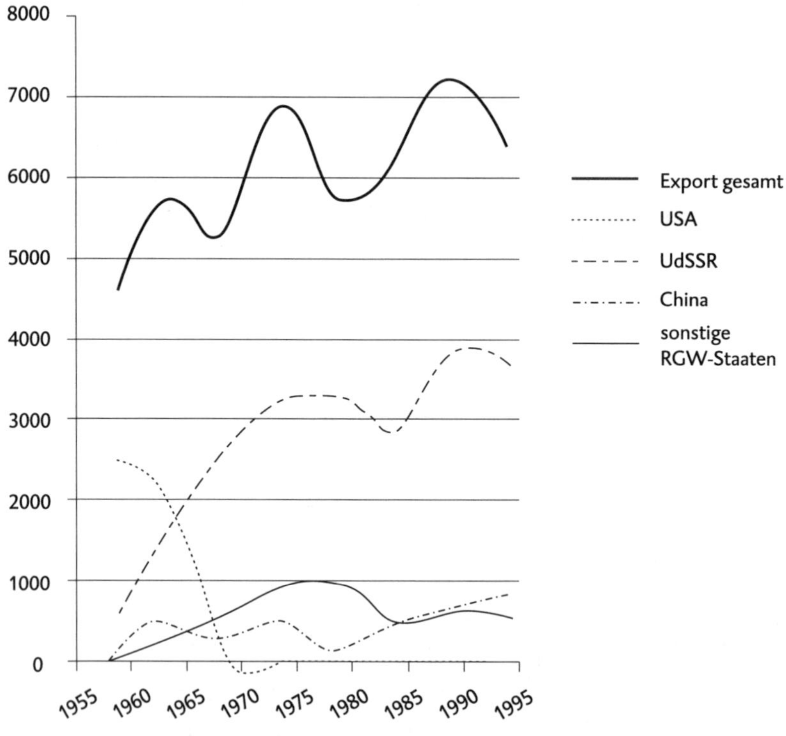

Daten aus: J. Carranza Valdés: Die Krise – eine Bestandsaufnahme. Die Herausforderungen, vor denen Kubas Wirtschaft steht. In: Bert Hoffmann: Wirtschaftsreformen in Kuba. Schriftenreihe des Instituts für Lateinamerikakunde, Hamburg, Heft 38, Frankfurt am Main, S. 16–41

Aus dem Diagramm lassen sich folgende Sachverhalte entnehmen:

- Deutliche Korrelation zwischen der Gesamtausfuhrmenge und der in die UdSSR exportierten Zuckermenge (politische Verbundenheit der beiden Staaten).
- Absinken der Ausfuhrmenge in die USA nach 1965 auf Null (Abkoppelung der kubanischen Wirtschaft von der US-amerikanischen mit dem Erstarken des kubanischen Revolutionsführers Fidel Castro).
- Mäßige Exporte an die sonstigen Ostblockstaaten (politisch bedingte Assoziationsverträge).
- Geringe Exporte nach China (Assoziationsvertrag).

Aufgaben

Abiturähnliche Trainingsaufgaben

A 26 Beschreiben Sie die Entwicklung der Baumwollanbaufläche und der Durchschnittserträge in den USA zwischen 1930 und 1992.

A 27 Stellen Sie mögliche Gründe für die teilweise recht gegenläufige Entwicklung der beiden Parameter dar.

Entwicklung der Baumwollanbaufläche und der Durchschnittserträge in den USA zwischen 1930 und 1992

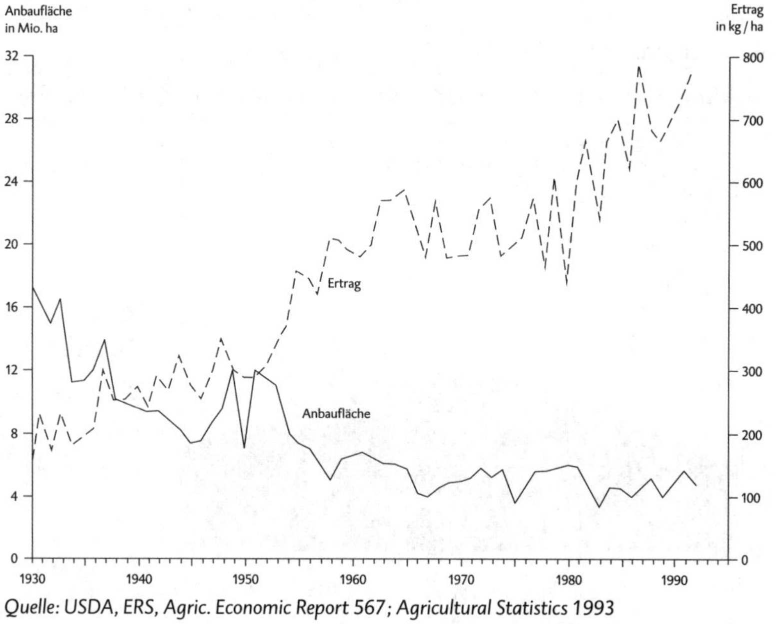

Quelle: USDA, ERS, Agric. Economic Report 567; Agricultural Statistics 1993

Flächendiagramme

In Flächendiagrammen werden die verschiedenen darzustellenden Werte aufeinandergestapelt ähnlich einem gestapelten Balkendiagramm. Zusätzlich kann mit Hilfe der x-Achse beispielsweise der zeitliche Verlauf dieser Werte abgelesen werden.

BEISPIELE

Darstellung von absoluten Werten

Förderung eines Rohstoffs Y in Mio Tonnen pro Jahr

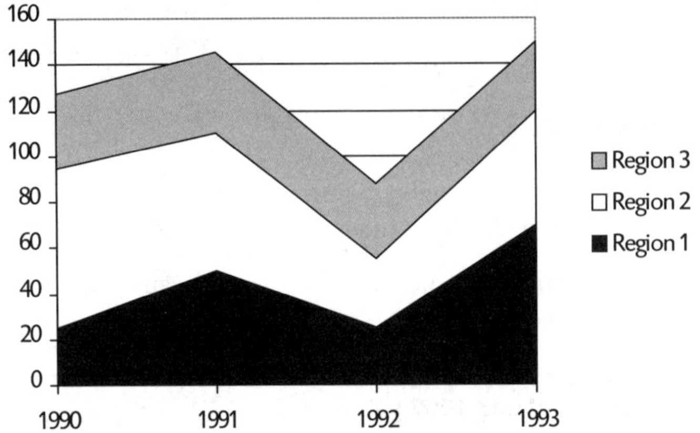

Darstellung von relativen Werten (%-Angaben)

Entwicklung der Flächenanteile der drei Anbauprodukte auf einer Plantage

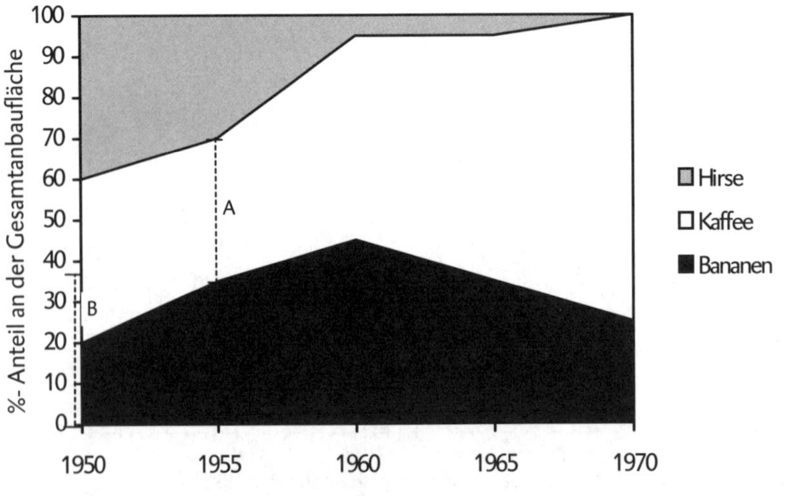

Vorgehensweise zum Ablesen der Werte

- Nur jeweils die vertikale Ausdehnung **einer** Flächenfarbe berücksichtigen (siehe Markierung A im Diagramm).
- Anschließend diesen Wert von der Basislinie aus abmessen (siehe Markierung B, hier 35 %).

Aus den Diagrammen lassen sich folgende Sachverhalte ablesen:

- Im Diagramm **Typ A** beträgt im Jahre 1990 die Förderung in der Region 1 etwa 25 Millionen Tonnen, in der Region 2 nicht 95 Millionen, sondern etwa 68 Millionen Tonnen! Der Wert für die zweite Region (helle Flächensignatur) darf also nicht von der Basislinie bis hin zur oberen Begrenzung der hellen Fläche gemessen werden.

  Vorsicht! Steigende oder fallende Linien bedeuten nicht immer steigende oder fallende Tendenzen!

  Zur Sicherheit empfiehlt es sich, ein Lineal zu verwenden, die vertikale Erstreckung der hellen Flächensignatur (Region 2) zu ermitteln und diese dann von der Basislinie aus abzumessen.

  Betrachtet man die Veränderung der Förderung in der Region 2 von 1990 bis 1991, so könnte sehr leicht der Eindruck eines Ansteigens entstehen. Tatsächlich aber sinkt die Förderung geringfügig, da ja die vertikale Erstreckung der hellen Flächensignatur leicht abnimmt!
- Das Diagramm vom **Typ B** muss ähnlich gelesen werden. Da hier relative, also Prozentwerte angegeben sind, ergeben die übereinandergestapelten Werte 100 Prozent.

Aufgaben

Vorbereitende Übungsaufgaben

Ü 26 Welche Diagrammarten eignen sich grundsätzlich zur Darstellung von Anteilen?

Ü 27 Was muss beim Ablesen von Werten in Flächendiagrammen grundsätzlich beachtet werden?

Ü 28 Ermitteln Sie die jeweiligen Werte der dargestellten drei Abschnitte für die Jahre 1960 und 1995 im folgenden Flächendiagramm.

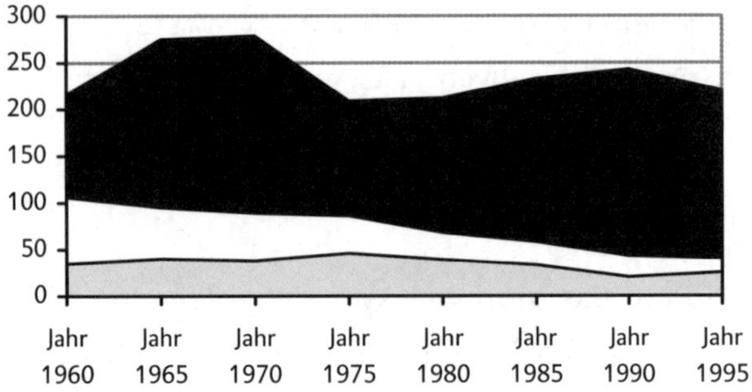

Abiturähnliche Trainingsaufgabe

Achten Sie bei der folgenden Aufgabe darauf, dass Sie das Lineal zum Ablesen der Werte immer senkrecht anlegen und nur gleiche Flächenfarben ablesen!

A 28 Beschreiben Sie anhand der drei Anbauprodukte Baumwolle, Mais und Sonnenblumen die Veränderung der Anbaustruktur in der Provinz Sevilla.

Anbauspektrum der Wechselkulturen im Trockenfeldbau der Provinz Sevilla.

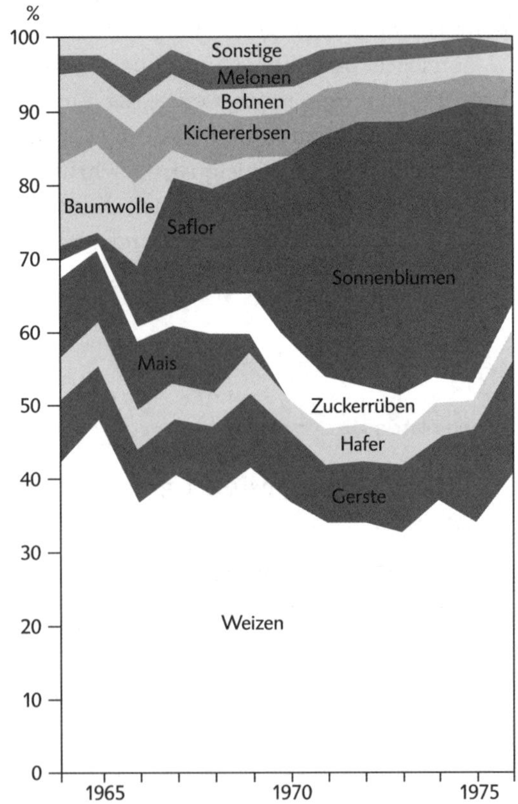

Quelle: nach Toni Breuer: Spanien, Klett Länderprofile, Stuttgart 1987, S. 107

Konzentrationsdiagramme

Konzentrationsdiagramme zeigen die statistische Verteilung zweier miteinander korrelierender (in Abhängigkeit stehender) Prozentwerte.
Dies klingt komplizierter als es ist. Allerdings muss man beim Lesen eines solchen Diagrammes vorsichtig vorgehen (siehe folgendes Beispiel).

BEISPIEL

Die sektorale Konzentration in der Landwirtschaft Kaliforniens und der USA (1992)

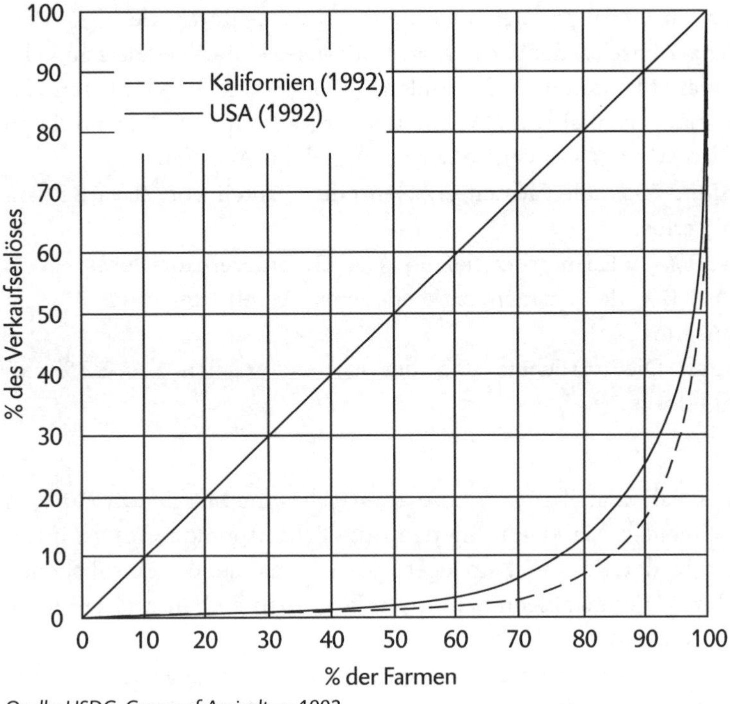

Quelle: USDC, Census of Agriculture 1992

Diagrammbeschreibung

Das Diagramm hat quadratische Form. Die x-Achse (% der Farmen) wird von links nach rechts in Prozentwerte von 0 bis 100 unterteilt. Die y-Achse (% des Verkaufserlöses) wird von unten nach oben in Prozentwerte von 0 bis 100 unterteilt.

Vereinfacht gesagt stellt so ein Diagramm also dar, welcher Anteil des einen Wertes auf welchen Anteil des anderen Wertes zurückzuführen ist.

Beispielaufgaben zum Diagramm Landwirtschaft Kaliforniens und der USA

1. Lesen Sie aus dem vorliegenden Diagramm ab, wieviel Anteil am Verkaufserlös jeweils 70 % der Farmen in den USA und in Kalifornien haben, und beschreiben Sie im Umkehrschluss, wieviel Anteil am Verkaufserlös jeweils die restlichen 30 % der Farmen in den USA und in Kalifornien haben.
2. Lesen Sie ab, auf wieviel Prozent der Farmen 20 % des Verkaufserlöses in den USA und in Kalifornien entfallen.

Lösung zu 1.:

Legen Sie dazu ein Lineal parallel zur y-Achse, welches durch die 70 %-Markierung auf der x-Achse (% der Farmen) verläuft. Diese Linealgerade schneidet die beiden Kurven. Markieren Sie die beiden Schnittpunkte. Legen Sie nun das Lineal nacheinander parallel zur x-Achse durch jeweils einen Schnittpunkt an und lesen Sie den Wert (% des Verkaufserlöses) an der y-Achse ab.
Für Kalifornien: 70 % der Farmen erzielen einen Anteil von etwa 3 % am Gesamtverkaufserlös.
Die restlichen 30 % der Farmen erzielen 94 % des Gesamtverkauferlöses.
Für die USA: 70 % der Farmen erzielen einen Anteil von etwa 7 % am Gesamtverkaufserlös.
Umkehrschluss: Die restlichen 30 % der Farmen erzielen also 93 % des Gesamtverkauferlöses.

Lösung zu 2.:

Legen Sie ein Lineal parallel zur x-Achse an, welches die Markierung 20 % an der y-Achse schneidet. Markieren Sie dann die Schnittpunkte dieser Linealgeraden mit den beiden Kurven. Nun legen Sie nacheinander das Lineal parallel zur y-Achse durch die jeweiligen Schnittpunkte verlaufend an und lesen die beiden Werte an der x-Achse ab.
Für die USA: 20 % des Verkaufserlöses werden von 86 % aller Farmen erwirtschaftet (Umkehrschluss: der restliche Anteil von 14 % aller Farmen erwirtschaftet 80 % des Verkaufserlöses!).
Für Kalifornien: 20 % des Verkaufserlöses werden von 92 % aller Farmen erwirtschaftet (Umkehrschluss: der restliche Anteil von 8 % aller Farmen erzielt 80 % des Verkaufserlöses).

Aufgaben

Abiturähnliche Trainingsaufgaben

Beziehen Sie sich bei der Beantwortung der folgenden beiden Aufgaben auf das Konzentrationsdiagramm zur sektoralen Konzentration in der Landwirtschaft Kaliforniens und der USA (1992).

A 29 Welche Aussagen bezüglich der Zuordnung von Anteilen der Farmen zu den Anteilen am Verkaufserlös ließen sich machen, würde der Graph (wie als Hilfslinie angedeutet) als Gerade zwischen 0-Punkt und 100 %-Punkt verlaufen?

A 30 Vergleichen Sie die beiden Graphen (USA und Kalifornien) und erläutern Sie diese.

Umsetzen statistischer Angaben in Diagramme

Grundsätzliche Strategien zur Arbeit mit Diagrammen

Beim Anfertigen von Diagrammen ist es besonders wichtig, auf die **äußere Form** zu achten:

- Arbeiten Sie mit dem Lineal.
- Verwenden Sie gespitzte Blei- bzw. Buntstifte.
- Geben Sie Ihrer Darstellung eine Überschrift (meist aus der Tabelle bzw. den Angaben zu übernehmen).
- Beschriften Sie sauber und leserlich.
- Setzen Sie Inhalte klar voneinander ab. Verwenden Sie eindeutige Signturen (verschiedene Farben, Flächen- oder Liniengestaltung).
- Machen Sie eindeutige Angaben zu Prozent- oder absoluten Werten (Bsp. Bevölkerung in Mio., Gewicht in t, Niederschlag in mm).
- Erstellen Sie vor der eigentlichen Zeichnung einen Grobentwurf mit dessen Hilfe Sie sich klar werden sollten über:
  - Größe der Darstellung (sie sollte unbedingt übersichtlich sein!)
  - Verteilung und Abstände der Werte an den Achsen, z. B. auch Berücksichtigung von negativen Werten.

Dieses Vorgehen erspart zeitraubendes Neuzeichnen und erleichtert es Ihnen, in der endgültigen Fassung zu einer wirklich sauberen Darstellung zu gelangen.

In den folgenden Teilkapiteln geht es darum, dass Sie für bestimmte Typen von Statistiken die jeweils adäquate Darstellungsform finden. Sinnvoll ist es, zunächst das Kapitel „Arbeiten mit Standarddiagrammen“ durchzuarbeiten, in dem die typischen Kennzeichen der Standard-Diagrammformen erläutert werden.

Darstellung absoluter Werte

In der Regel werden für die Darstellung von absoluten Werten vorwiegend **Säulen- bzw. Balkendiagramme** verwendet. Für die Darstellung zeitlicher Entwicklungen von absoluten (und auch relativen) Werten eignen sich natürlich die **Kurvendiagramme** bestens.

Wählen Sie **Größe** und **Skalierung** Ihres Diagramms so, dass die umgesetzten Werte auch tatsächlich gut ablesbar werden. Ein Zündholzschachtel großes Diagramm bereitet Ihnen beim Zeichnen und der Lehrkraft beim Korrigieren nur unnötige Probleme.

Faustregel: 10 cm × 10 cm Diagrammfläche sollten mindestens zur Verfügung stehen.

Sehen Sie sich **vor dem Zeichnen** Minimal und Maximalwert an. Entscheiden Sie sich anschließend für die passende Skalierung.

Die Skalierung sollte, wann immer möglich, **äquidistant** (in gleichen Abständen) erfolgen.

BEISPIEL

Säulendiagramm mit äquidistanter Skalierung

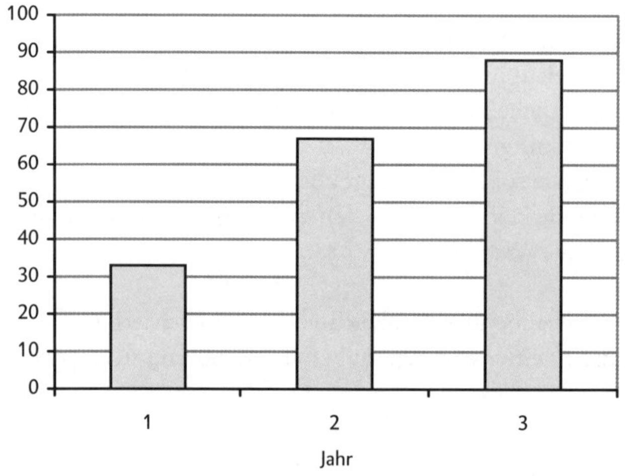

Oft weichen Minimal und Maximalwert so extrem voneinander ab, dass bei äquidistanter Skalierung der Minimalwert nur noch einer Bleistiftstrichstärke entspricht und damit nicht mehr ablesbar ist.

BEISPIEL

Nicht mehr lesbares Diagramm

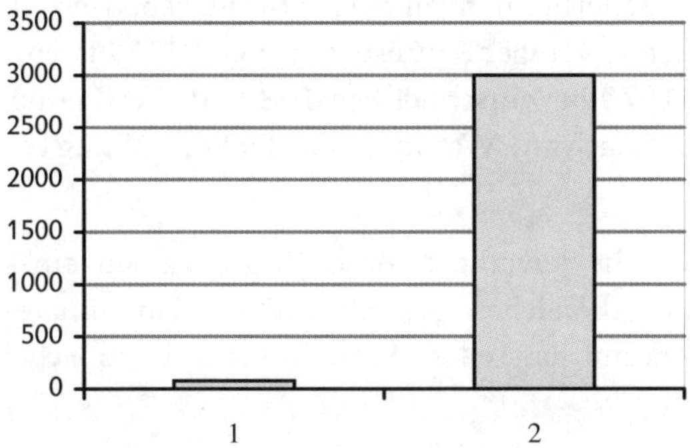

In so einem Fall empfiehlt es sich, eine **logarithmische** Skalierung zu verwenden. Hierbei entspricht der nächsthöhere Skalenwert dem Zehnfachen des vorgehenden. Wenden Sie so eine Skalierung bitte nur im Notfall an, denn sehr schnell macht man große Fehler beim Eintragen bzw. Ablesen der Werte.

BEISPIEL

Säulendiagramm mit logarithmischer Skalierung

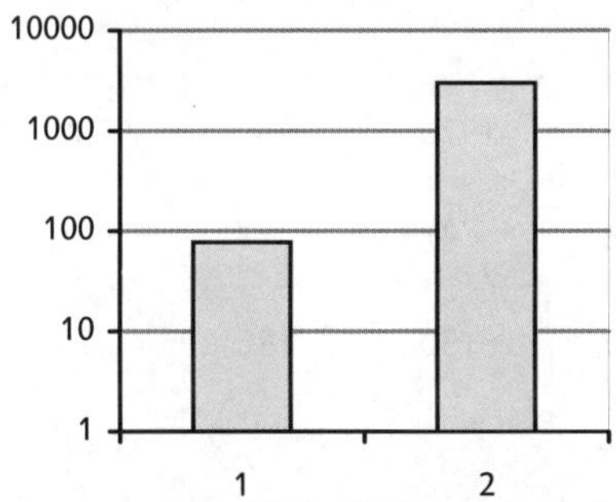

Aufgaben

Vorbereitende Übungsaufgaben

Ü 29 Sie sollen für die Darstellung der Erdölfördermengen der OPEC-Staaten für ein bestimmtes Jahr ein Diagramm erstellen. Welche einfachen Diagrammarten sind denkbar?

Ü 30 Für die Darstellung der Weizenerntemengen eines Sowchosebetriebs in Kasachstan stehen ihnen die jeweiligen Jahresdaten von 1971 bis einschließlich 1976 und von 1979 bis einschließlich 1982 zur Verfügung. Welche Diagrammform bietet sich an? Was muss bei der Umsetzung besonders beachtet werden?

Ü 31 Zu Ihrer Verfügung stehen die jeweiligen Beschäftigtenzahlen eines Staates in den drei Wirtschaftsbereichen. Sie sollen dieses Zahlenmaterial in einem Dreiecksdiagramm darstellen. Was müssen Sie zunächst tun?

Ü 32 Inwiefern bringt die Umrechnung von absoluten Zahlenmaterialien in relative Werte grundsätzlich Vorteile bei der Erstellung von Diagrammen?

Trainingsaufgaben auf Abiturniveau

A 31 Stellen Sie in *einem einzigen,* vollständig beschrifteten Diagramm die folgenden Daten dar.

Arbeitskräfte und Produktionsstückzahlen pro Jahr in einem deutschen Maschinenbaubetrieb

Jahr	1950	1960	1970	1980	1990
Arbeitskräfte	34	36	27	13	4
Produktion in Stück pro Jahr	103	110	150	186	210

A 32 Beschreiben und begründen Sie die aus dem Diagramm ablesbaren Tendenzen.

Darstellung von Anteilen

Statistiken können auf zwei verschiedene Arten Anteile aufzeigen:

- **Angaben in Prozent**, wobei alle Werte sich i. d. R. auf 100 % addieren
- **Angaben in absoluten Zahlen,** wobei die Einzelkomponenten sich zur Gesamtsumme addieren.

Umsetzung von relativen Anteilen in ein Diagramm

BEISPIEL

Zusammensetzung der New Yorker Bevölkerung 1990 (in 1000)

	absolut	in %
Weiße	2893	39,52
Schwarze	2102	28,72
Hispanics	1787	24,38
Andere	541	7,38
Gesamt	7323	100

Quelle: USDC, Statistical Abstract of the United States, 1993

Die angegebenen absoluten Zahlen können zwar in etwa im Verhältnis zueinander gewichtet werden, allerdings ermöglichen erst die prozentualen Angaben einen brauchbaren Vergleich.

Überlegen Sie in einem 1. Schritt, welche Darstellungsformen grundsätzlich in Frage kommen. In diesem Fall sind es Kreissektorendiagramm oder gestapeltes Säulen- bzw. Balkendiagramm.

Zusammensetzung der New Yorker Bevölkerung 1990 – Gestapeltes Säulendiagramm

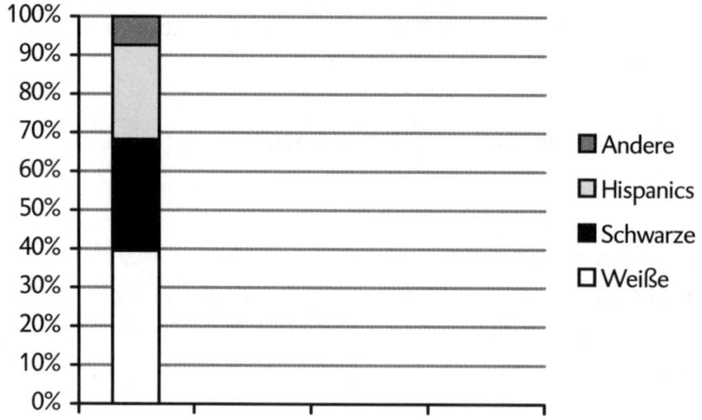

Das **gestapelte 100 %-Säulen- oder Balkendiagramm** stellt hier eine optimale Darstellungsform dar. In ihm ergeben die einzelnen Säulen immer die volle Länge von 100 %, welche entsprechend der jeweiligen Anteile in Säulen- bzw. Balkenteile unterschiedlicher Größe unterteilt ist.

Im Abitur sollten Sie sich – wenn Sie die Form frei wählen dürfen – stets für die Darstellung entscheiden, die **zeichnerisch** besonders **leicht und übersichtlich ist.**

Andere, optisch durchaus anschauliche Darstellungsformen wie Kreissektorendiagramme benötigen bei der Anfertigung zu viel Zeit. Da für graphische Darstellungen oft nur relativ wenige Bewertungseinheiten vergeben werden, sollten Sie bei deren Anfertigung den Faktor Zeit besonders berücksichtigen.

Zusammenfassung

Wesentliche Arbeitsschritte zur Erstellung eines Säulendiagramms:

1. Fertigen Sie eine **Grobskizze** an.
2. Nehmen Sie eine **sinnvolle Skalierung** der y-Achse vor, die z. B. insgesamt 100 % darstellen soll, dann z. B. 1 cm = 10 %. Damit müssen Sie eine Gesamthöhe von 10 cm einplanen.
3. Wählen Sie die **Breite der Säulen** so, dass Sie noch gut leserlich den Namen des jeweiligen Bezugspunktes (z. B. Staat, Wirtschaftssektor, usw.) darunter setzen können.
4. Wählen Sie für die einzelnen Säulenabschnitte eine **eindeutige Flächensignatur** (z. B. schwarz, weiß, senkrecht liniert, waagerecht liniert, usw.).
5. Vergessen Sie nicht die **Überschrift**.

BEISPIEL

Säulendiagramm mit nebeneinander gestellten Säulen

Erwerbstätige nach Wirtschaftsbereichen 1992 (in %)

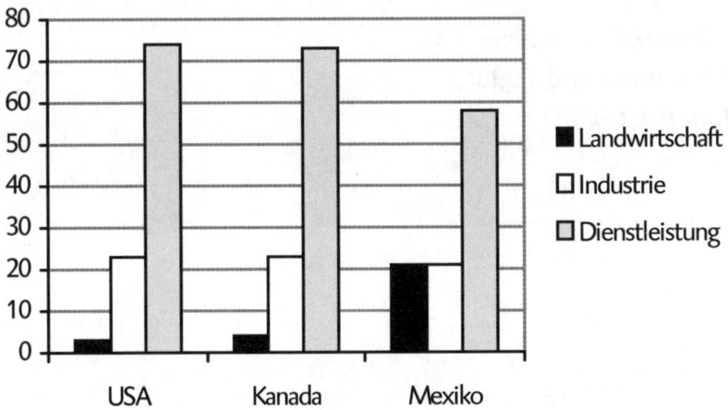

Die Darstellung kann natürlich auch als gestapeltes Diagramm gestaltet werden.

BEISPIEL

Säulendiagramm mit gestapelten Säulen

Erwerbstätige nach Wirtschaftsbereichen 1992 (in %)

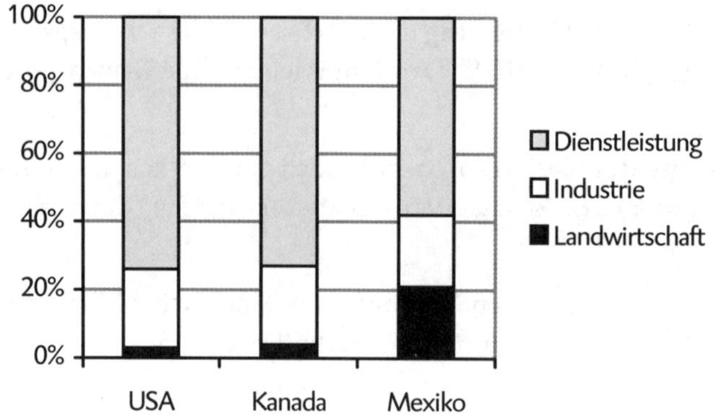

Umsetzung von absoluten Anteilen in ein Diagramm

Auch bei Statistiken, die vordergründig **absolute Zahlen** enthalten, handelt es sich letztendlich (beim Vergleich der Zahlen) um **Angaben von Anteilen**.

BEISPIEL

Gliederung des Primäeenergieverbrauchs der Bundesrepublik Deutschland 1995 (in Mio t Steinkohleeinheiten)

Braunkohle	59,30
Steinkohle	72,50
Mineralöl	195,20
Erdgas	95,50
Kernenergie	49,50
Wasserkraft	8,10
Gesamt	480,10

Quelle: Daten nach Fischer Weltalmanach 1998

Bei der Umsetzung dieser Tabelle in ein **Balkendiagramm** sollte man unbedingt eine Gliederung **„vom Großen zum Kleinen"** (Kleinen zum Großen) vornehmen, d. h. dem Balken am untersten Rand den höchsten Wert (hier: Mineralöl) oder geringsten Wert zuordnen und dann den jeweils niedrigeren/höheren Wert folgen lassen.

Gliederung des Primärenergieverbrauches der Bundesrepublik Deutschland 1995 (in Mio. Tonnen SKE; SKE = Steinkohleneinheit)

Darstellung als Balkendiagramm mit übereinander angeordneten Säulen

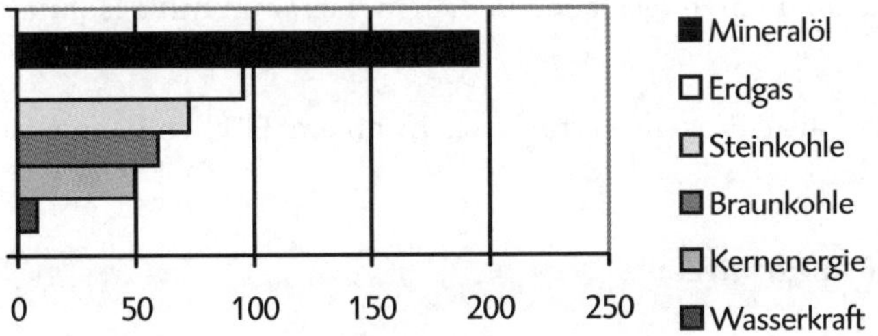

Das gleiche Diagramm in 100 %-Darstellung sieht wie folgt aus:

Darstellung als Balkendiagramm mit nebeneinander angeordneten Säulen

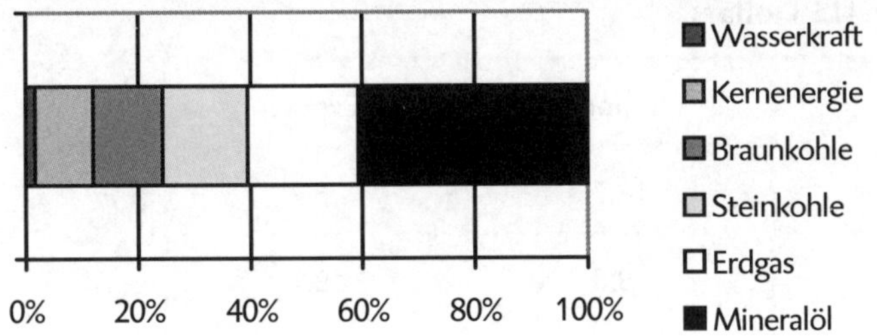

Aufgaben

Vorbereitende Übungsaufgaben

Ü 33 Welche Probleme treten bei der Anfertigung eines Kreissektorendiagramms auf?

Ü 34 Welcher Diagrammtyp eignet sich besonders zur Darstellung von drei Prozentanteilen?

Ü 35 Welcher Hauptvorteil ergibt sich bei einem gestapelten 100 %-Säulendiagramm gegenüber einem gestapelten Säulendiagramm mit absoluten Werten?

Ü 36 Können relative, also Prozentwerte, auch in einem Flächendiagramm dargestellt werden?

Trainingsaufgabe auf Abiturniveau

A 33 Setzen Sie die folgenden Daten so in *ein* geeignetes Diagramm um, dass sowohl absolute Werte wie auch Anteile in optimaler Form dargestellt werden.

Außenhandelsvolumen verschiedener Länder 1994 (in Milliarden US-Dollar)

	Import	Export
Griechenland	18,7	5,2
Israel	29,6	19,1
Kamerun	1,0	2,0
Kolumbien	13,8	10,1
Nigeria	5,6	11,7

Diagramme zur Darstellung von Klimadaten

Standardklimadiagramme, Thermoisoplethendiagramme, Klimogramme und ähnliche Darstellungsformen dienen, wie jedes Diagramm, der optischen Verdeutlichung von Datenreihen, in diesem Falle also von Klimadaten. Sie ermöglichen so z. B. die Charakterisierung eines bestimmten Klimatyps, die Zuordnung zu bestimmten Klimazonen usw.

Kennt man die verschiedenen „Standardformen" von Klimadiagrammen, so lassen sich damit mit etwas Übung relativ sicher Klimatypen beschreiben, interpretieren oder gegebene Klimastationen bestimmten Klimazonen zuordnen.

Das Klimadiagramm nach Walter/Lieth

Ein solches Klimadiagramm zeigt den **Jahresverlauf** der **gemessenen Monatsdurchschnittstemperaturen** und **Monatsniederschlagsmengen.**

BEISPIEL

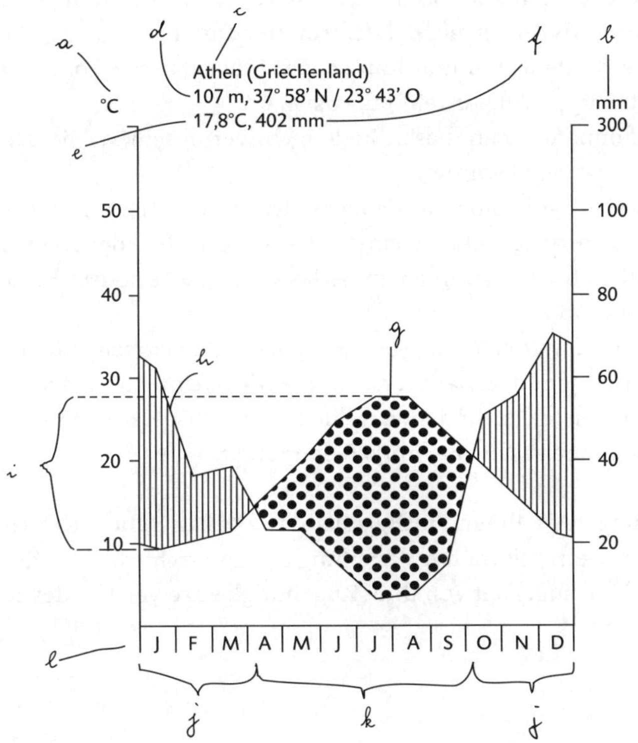

Erläuterungen:

a) Maßeinheit Temperatur (°C)
b) Maßeinheit Niederschlagsmenge (mm)
c) Stationsname
d) Höhe über dem Meeresspiegel (geogr. Lage in Koordinaten)
e) Jahresdurchschnittstemperatur
f) Jahresniederschlagsmenge
g) Temperaturkurve
h) Niederschlagskurve
i) Jahrestemperaturamplitude (Unterschied in Grad Celsius zwischen wärmsten und kältesten Monatsmitteln)
j) Humide Abschnitte
k) Aride Abschnitte
l) Monatsskalierung

Interpretieren und Zuordnen von Walter/Lieth-Klimadiagrammen

Wichtig für eine Interpretation sind Sachkenntnisse über die Verteilung der **Großklimazonen und deren innere Differenzierung** (etwa tropische Zone mit inneren, wechselfeuchten und Randtropen, subtropische Zone mit z. B. mediterranem Klimatyp, Vollwüstenklima usw.).

Diese Kenntnisse können wir an dieser Stelle nicht vermitteln, da sie den Rahmen dieses Buches sprengen würden.

Sollten Sie sich diesbezüglich noch unsicher fühlen, so empfiehlt sich das Studium der **Klimazonierung** anhand einer Atlaskarte (z. B. köppen'sche Klimazonierung). Suchen Sie hierzu in einem Atlaswerk eine geeignete Karte im Bereich der Erdübersichten!

Zum Verständnis der Differenzierung der einzelnen Klimazonen müssen Sie sich auch mit dem System der **planetarischen Zirkulation** auseinandersetzen und dieses auch verstehen. In den verschiedenen Lehrwerken wird die planetarische Zirkulation meist sehr ausführlich dargestellt.

Die folgende Abbildung zeigt Ihnen am Beispiel des **afrikanischen Kontinents** in stark schematisierter Form die Verteilung der unterschiedlichen Klimadiagrammtypen in Abhängigkeit von ihrer Zugehörigkeit zu verschiedenen Klimateilzonen.

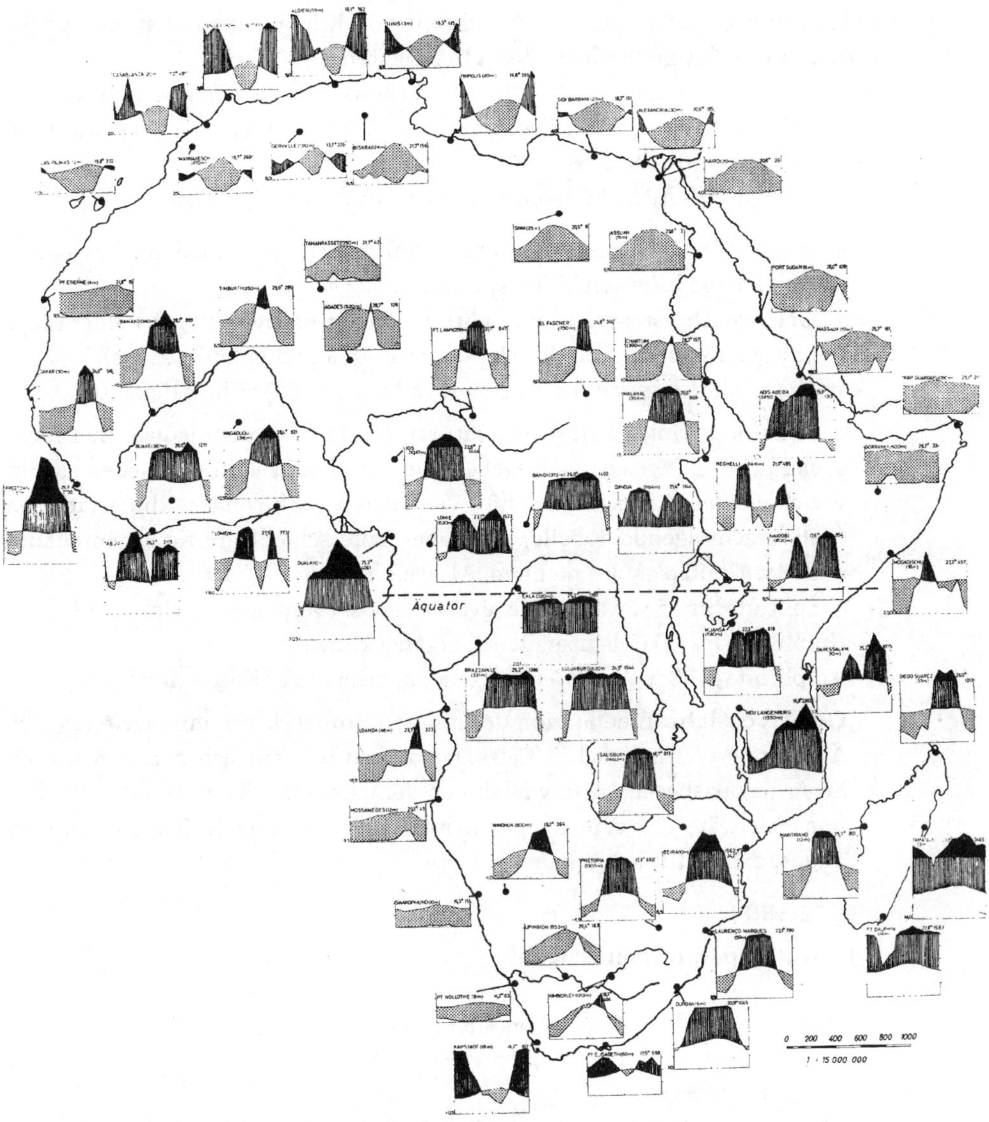

Quelle: nach Heinrich Walter: Vegetationszonen und Klima. UTB Ulmer, Stuttgart 1977. S. 43

Bei der Interpretation und der Zuordnung von Klimadiagrammen müssen Sie **konsequent einige wichtige Regeln** beachten:

- Achten Sie zunächst auf den jahreszeitlichenVerlauf der Temperaturkurve:
  - Höchste Werte im Nordsommer (Juni/Juli/August) ⇒ Lage der Station auf der Nordhalbkugel!
  - Höchste Werte im Südsommer ⇒ Lage auf der Südhalbkugel!

- Ermitteln Sie die **Jahrestemperaturamplitude** (Unterschied in °C zwischen wärmsten und kältesten Monatsmittel)
  - Geringe Jahrestemperaturamplitude ⇒ ozeanischer Klimacharakter (Lage in Küstennähe bzw. im Einflussbereich ozeanischer Luftmassen).
  - Große Jahrestemperaturamplitude ⇒ kontinentaler Klimacharakter

  Große und geringe Jahrestemperaturamplituden können jedoch hier nicht genau mit °C-Bereichen angegeben werden, denn sie unterscheiden sich in verschiedenen Klimazonen. Ein Vergleich verschiedener Klimastationen (siehe nachfolgende Tabelle) lässt aber unterschiedliche Kontinentalitäts- und Maritimitätsgrade erkennen. Als Faustregel kann gelten:
  Amplitude bis 15 Celsiusgrade: evtl. ozeanisch geprägt;
  Amplitude bis 20 Celsiusgrade: Übergangsklimate;
  Amplitude größer als 20 Celsiusgrade: kontinentaler Klimacharakter.

  Doch Vorsicht: Eine Station der inneren Tropen kann ohne weiteres eine Amplitude von lediglich 5 Celsiusgraden aufweisen, sich dennoch mitten im Amazonasbecken, also weitab von der nächsten Küste, befinden. In diesem Fall wäre das typische Klimamerkmal der inneren Tropen, nämlich **Tageszeitenklima** dominant.

BEISPIEL

Jahrestemperaturamplituden

Station	Jahrestemperaturamplitude
Bergen/Norwegen	13,7
Berlin	19,1
Kucha/China	36,7
Yellowknife/Kanada	45,2

- Achten Sie auf die **Jahresdurchschnittstemperatur.**
  Mit ihrer Hilfe lässt sich meist schon eine **vorsichtige** Zuordnung in Großklimazonen erreichen.

BEISPIEL

Ausgewählte Jahresdurchschnittstemperaturen

Station	Jahresdurchschn.	Klimazone
Manaus/Brasilien	26,9 °C	Innere Tropen
El-Fasher/Sudan	26,1 °C	Wechselfeuchte Tropen
Athen	17,8 °C	Subtropen/Mediterranklima
Hannover	8,7 °C	Klima der gemäßigten Zone
Goose Bay/Kanada	0,2 °C	Boreales Nadelwaldklima
Barrow/Alaska	–12,4 °C	Tundrenklima

Achtung: Nie dürfen Sie aber diese Durchschnittswerte alleine für die Zuordnung einer Station verwenden! So kann es ja beispielsweise sein, dass Sie eine Station mit 7 °C Jahresdurchschnittstemperatur in der gemäßigten Zone vermuten, obwohl es sich in Wirklichkeit um eine Gebirgsstation der Tropen handelt. Hier wäre also unbedingt auch auf die Höhenlage über NN zu achten.

- **Innertropische Stationen,** in denen ja bekannterweise ein Tageszeitenklima vorherrscht, zeigen meist eine äußerst geringe Hebung der Temperaturkurve. Diese als Ergebnis ozeanischer Einflüsse zu deuten, wäre in den meisten Fällen falsch. Die geringe Temperaturamplitude resultiert hier aus dem weitgehenden Fehlen von Jahreszeiten und aus der Tatsache, dass die ständige starke Bewölkung temperaturausgleichend wirkt.

- Achten Sie auf die **Höhenlage** über dem Meeresspiegel.
  So gibt beispielsweise die Angabe 8 m ü. NN Aufschluss darüber, dass sich die Station vermutlich in Küstennähe befindet. Andererseits wird eine „eigentlich" zu tiefe Jahresdurchschnittstemperatur dadurch erklärbar, dass sich die Station im Gebirge befindet.
- Achten Sie auf die **Jahresniederschlagsmenge.**
  Aus ihr kann man vorsichtig Rückschlüsse auf die Lage innerhalb einer Klimagroßzone ziehen. Doch Vorsicht: auch dieser Wert ist unbedingt im Zusammenhang mit der jahreszeitlichen Verteilung der Niederschläge und den örtlichen Gegebenheiten (z. B. Steigungsregeneffekt) zu sehen.
- Achten Sie auf die **jahreszeitliche Verteilung der Niederschläge** und auf typische Niederschlagsmaxima/-minima.

BEISPIEL

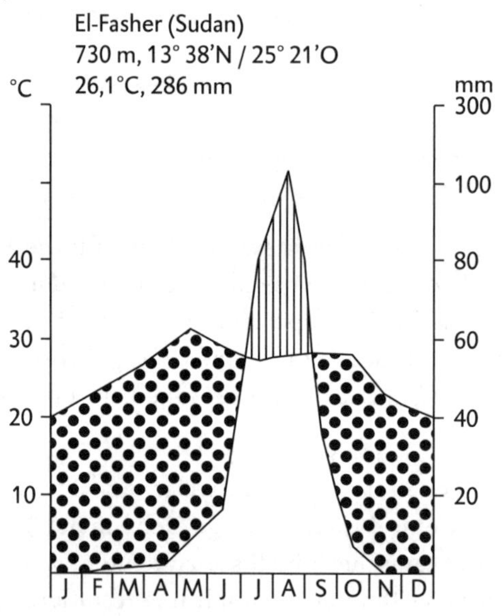

Quelle: nach Walter/Lieth

Diese Station zeigt eine kurze humide Phase (Anfang Juli bis Mitte September). Sie resultiert aus der Nordverlagerung der ITC im Nordsommer in Richtung des nördlichen Wendekreises. Die ariden Phasen zeigen jene Perioden, in denen die Station außerhalb des Einflussbereichs der ITC ist.

- Vergewissern Sie sich, sofern der Stationsname bekannt ist, im Atlas genau darüber, welche **topographischen Gegebenheiten** im Bereich der Station zu verzeichnen sind.

BEISPIEL

Zwei US-amerikanische Stationen gleicher Breitenlage können völlig unterschiedliche Jahresniederschlagsmengen zeigen, wenn beispielsweise Station A sich unmittelbar an der Westküste am Gebirgsknick des Küstengebirges (Steigungsregen) und Station B sich östlich der Sierra Nevada im Bereich des Großen Beckens (Lee-Effekt) befindet.

- Ein zuverlässiges Hilfsmittel beim Umgang mit Klimadiagrammen ist ihr **Atlas**. Dort finden Sie Karten mit den durchschnittlichen Januar- und Julitemperaturen und den Jahresniederschlagsmengen!

Aufgaben

Vorbereitende Übungsaufgaben

Ü 37 Woran erkennen Sie eine Station der Südhalbkugel?

Ü 38 Was ist für den Verlauf der Temperaturkurve bei einer innertropischen Station auf Meereshöhe typisch?

Ü 39 Wie verhalten sich humide und aride Phasen bei einer typischen Station des Mediterrangebietes? Begründen Sie diesen Verlauf.

Ü 40 Was bedeutet Tageszeitenklima?

Ü 41 Für welche der folgenden Stationen wäre ganzjährige Humidität typisch? Rom, München, Station im Kongobecken, Kairo.

Trainingsaufgabe auf Abiturniveau

A 34 Die drei Klimastationen A, B und C liegen im Staatsgebiet der USA zwischen dem 34. und dem 38. nördlichen Breitengrad. Ordnen Sie diese Stationen den entsprechenden naturgeographischen Großräumen zu und begründen Sie Ihre Entscheidung.

Station A

	J	F	M	A	M	J	J	A	S	O	N	D	Jahr
°C	6	7	11	16	21	24	25	24	22	17	11	7	16
mm	124	131	133	93	86	96	116	111	77	65	78	117	1224

Station B

	J	F	M	A	M	J	J	A	S	O	N	D	Jahr
°C	2	4	10	15	20	24	27	26	22	16	9	4	15
mm	29	30	49	85	122	94	72	72	78	72	49	37	791

Station C

	J	F	M	A	M	J	J	A	S	O	N	D	Jahr
°C	10	12	12	13	14	15	15	15	16	16	14	11	13
mm	112	102	76	28	15	5	<3	<3	10	23	53	91	513

Hinweise zur Anfertigung eines Klimadiagramms

- Zeichnen Sie ein Koordinatensystem mit zwei Ordinaten (y-Achsen) und der Abszisse (x-Achse). Legen Sie hierfür die Größenverhältnisse so fest, dass Ordinaten und Abszisse ungefähr ein Quadrat bilden (empfehlenswert sind die Werte 10 cm für die Ordinaten, 11 cm für die Abszisse oder eine teilbare Menge davon, z. B. 5 cm/5,5 cm). Plazieren Sie dieses „Quadrat“ aber so auf Ihrem Blatt, dass darüber und darunter einige Zentimeter frei bleiben (das ist wichtig, besonders wenn die beiden Extremwerte der Monatsmitteltemperatur weit auseinanderklaffen.

- An der linken Ordinate tragen Sie die Temperaturskala in °C ein (z. B. 2 cm Abstand entsprechen 10 °C Unterschied), an der rechten Ordinate wählen Sie die gleiche Skalierung (also in diesem Falle 2 cm) und tragen die Skala der monatlichen Niederschlagsmengen ein.
  Achtung: Entsprechend einer allgemeinen Klimaformel **muss** ein Klimadiagramm so skaliert werden, dass
  10 °C auf der linken Ordinate, 20 mm Niederschlag auf der rechten Ordinate entsprechen!

  Daraus entsteht folgende Skalierung:
  10 °C entsprechen 20 mm Niederschlag, 20 °C entsprechen 40 mm Niederschlag, usw.

- Auf der Abszisse trägt man nun die Skala der Monate (von Januar bis Dezember) ein. Mit der Beschriftung *J* oder *Jan* müssen Sie ganz links, also am Schnittpunkt von Ordinate und Abszisse beginnen.

- Tragen Sie nun die Punkte für die Monatsmittel und die Monatsniederschlagsmengen ein.
  Achtung: Monatsmittel im Minus-Bereich werden natürlich unterhalb der Null-Linie eingetragen. Die Bezeichnungen für die Monate (J, F, M, A ...) werden in so einem Fall dann an das untere Ende des Diagramms gestellt.
- Verbinden Sie die Punkte miteinander, sodass eine Kurve der Monatsmittel (evtl. rot) und eine Kurve der der Niederschlagsmengen (evtl. blau) im Jahresverlauf entstehen.
- Die Fläche(n) zwischen den beiden Kurven **punktieren** Sie dort, wo die **Temperaturkurve *über* der Niederschlagskurve** liegt. Dies sind **arid** geprägte Zeiträume.
- Die Fläche(n) zwischen den beiden Kurven versehen Sie mit **senkrechten Linien** dort, wo die **Niederschlagskurve über der Temperaturkurve** liegt. Dies sind **humid** geprägte Zeiträume.
  Achtung: Die senkrechten Linien der humiden Monate werden, wenn die Temperaturkurve an der betreffenden Stelle unter 0 °C liegen sollte nur bis zur Null-Linie gezogen!
- Vervollständigen Sie nun die **Beschriftung** des Diagramms:
  – Stationsname (sofern bekannt) bzw. Stationsbezeichnung (z. B. *Station A*) und Höhe über dem Meeresspiegel links oben.
  – Jahresdurchschnittstemperatur und Jahresniederschlagsmenge zwischen Stationsname und rechtem Rand.
  – Einheit °*C* über der linken Ordinate, Einheit *mm* über der rechten Ordinate.

Aufgaben

Vorbereitende Übungsaufgaben

Ü 42 Wie werden in einem Klimadiagramm humide Phasen gekennzeichnet?

Ü 43 Wie werden in einem Klimadiagramm aride Phasen gekennzeichnet?

Ü 44 Welches Skalierungsverhältnis zwischen Temperatur und Niederschlägen ist in einem Klimadiagramm einzuhalten?

Ü 45 Inwiefern kann die Angabe der Höhenlage (Meter ü. NN) hilfreich bei der Einordnung einer Klimastation sein?

Ü 46 Wozu dienen die beiden Angaben Jahresdurchschnittstemperatur und Jahresniederschlagsmenge?

Ü 47 Zeichnen Sie mit Hilfe der folgenden Klimadaten ein sauberes und vollständig beschriftetes Klimadiagramm.

Station A, Höhenlage: 33m ü. NN

	J	F	M	A	M	J	J	A	S	O	N	D	Jahr
°C	12	13	15	16	19	23	25	26	24	20	16	13	18,5
mm	62	50	55	46	24	5	2	5	31	61	64	70	475

Das Thermoisoplethendiagramm

Thermoisoplethendiagramme zeigen

- den **Tagesgang** der Temperatur einer Station in den verschiedenen Monaten,
- den **Jahresgang** der Temperatur einer Station zu bestimmten Tageszeiten.

BEISPIEL

Thermoisopletendiagramm der Station Kairo

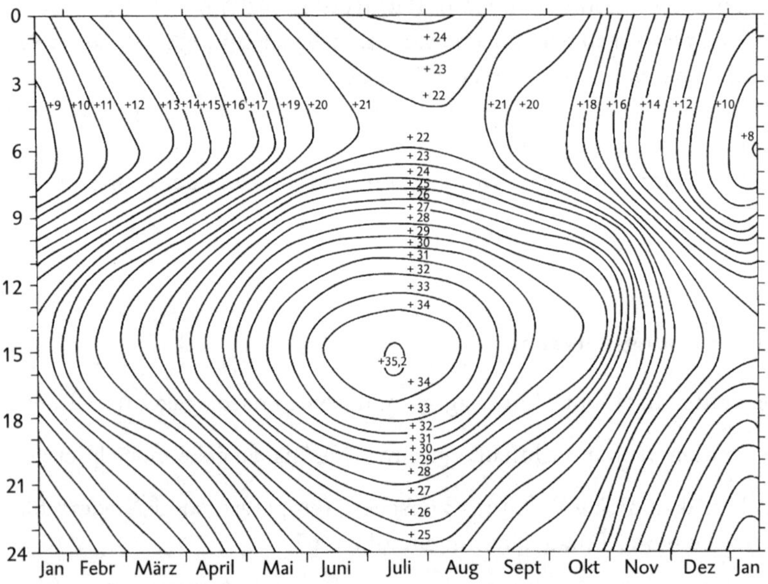

Quelle: Klaus Müller-Hohenstein: Die Landschaftsgürtel der Erde. Stuttgart, Teubner 1979, S. 108

In diesem Diagrammtyp werden von oben nach unten (y-Achse) die Tageszeiten und von links nach rechts (x-Achse) die Monate angegeben. In der Zeichnungsfläche werden die Linien gleicher Temperatur abgebildet und mit ihrem Wert beschriftet.

Legt man ein Lineal **waagerecht,** z. B. auf der Linie 15.00 Uhr an, so lassen sich nun an den Schnittpunkten die **Durchschnittstemperaturen zu dieser Tageszeit** in den verschiedenen Monaten ablesen (Jan: 18 °C, Feb: 20 °C, Mär: 24 °C, Apr: 27 °C, Mai: 31 °C, Jun: 34 °C, Jul: 35 °C, Aug: 34 °C, Sep: 30 °C, Okt: 29 °C, Nov: 23 °C, Dez: 19 °C).

Beim **senkrechten** Anlegen des Lineals kann man den **Tagesgang der Temperaturen** während eines bestimmten Monats erfassen (z. B. August: 0 Uhr: 24 °C, 3 Uhr: 22,5 °C, 6 Uhr: 22 °C, 9 Uhr: 26 °C, 12 Uhr: 32 °C, 15 Uhr: 34 °C, 18 Uhr: 31 °C; 21 Uhr: 27 °C).

Thermoisoplethendiagramme eignen sich also in besonderer Weise dazu, zu erkennen, ob die betreffende Station durch ein Jahreszeiten- oder ein Tageszeitenklima geprägt ist.

Aufgaben

Vorbereitende Übungsaufgaben zum Thermoisoplethendiagramm von Kairo

Ü 48 Wie hoch ist die durchschnittliche Tagestemperatur in Kairo um 6.00 Uhr morgens im Januar?

Ü 49 Wie groß ist die Tagestemperaturamplitude im Juli?

Ü 50 Wie groß ist die Jahrestemperaturamplitude bezogen auf 12.00 Uhr mittags?

Trainingsaufgaben auf Abiturniveau

A 35 Ordnen Sie das im folgenden abgebildete Thermoisoplethendiagramm der richtigen Klimazone zu. Begründen Sie Ihre Entscheidung.

A 36 Welchen grundsätzlich anderen Verlauf der Thermoisoplethen hätte ein Diagramm einer Station des Nordpolarbereiches?

Station ?

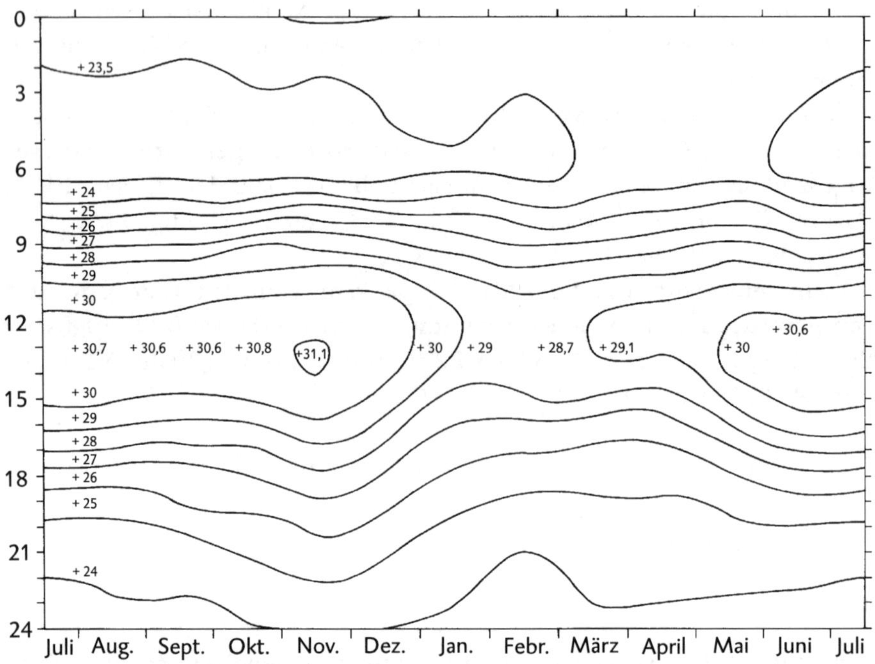

Quelle: Klaus Müller-Hohenstein: Die Landschaftsgürtel der Erde. Stuttgart: Teubner 1981, S. 57

Diagramme zur Darstellung von Bevölkerungsstruktur und -entwicklung

Vorbemerkungen

Obwohl in diesem Kapitel hauptsächlich auf die Darstellung von Bevölkerungsdaten in Diagrammen eingegangen werden soll, erscheint es sinnvoll, an dieser Stelle die Grundbegriffe aus dem Bereich der Bevölkerungsgeographie noch einmal wiederholend aufzuarbeiten.

Die Bevölkerung eines Staates/Raumes/einer Region kann grundsätzlich **quantitativ** und **qualitativ** erfasst werden.

Quantitative Merkmale	Qualitative Merkmale
Sterbeziffer, -rate	Mobilitätsbereitschaft
Geburtenziffer, -rate	Ausbildungsstand

Bevölkerungswachstumsziffer, -rate	Zugehörigkeit zu sozialen Gruppen
Kindersterblichkeitsrate	Einkommensgruppen
Geburtensterblichkeitsrate	Konsumverhalten
Zuwanderungsrate	usw.
Abwanderungsrate	
Wanderungssaldo	
Altersstruktur (prozentuale Verteilung der verschiedenen Altersgruppen)	
Lebenserwartung in Jahren	

Unter **natürlicher Bevölkerungsbewegung** versteht man die quantitativen Veränderungen der Bevölkerung eines Raums, welche aus dem **generativen Verhalten (Fortpflanzungsverhalten)** resultieren. Wichtige Kennziffern hierbei sind:

- **Geburtenziffer:** Anzahl der Lebendgeburten; bezogen auf 1000 Einwohner spricht man von der **Geburtenrate**. Sie wird also in Promille angegeben.
- **Sterbeziffer:** Anzahl der Sterbefälle; bezogen auf 1000 Einwohner spricht man von der **Sterberate** (in Promille).
- **Wachstumsziffer:** Differenz aus Geburten und Sterbefällen innerhalb eines bestimmten Messzeitraums. Sie kann rechnerisch einen positiven oder negativen Wert aufweisen. Die **Wachstumsrate** kennzeichnet den Differenzbetrag bezogen auf die Gesamtbevölkerung (oder ganz einfach: Geburtenrate minus Sterberate in Promille).

Neben der natürlichen Bevölkerungsentwicklung spielen heute besonders die **räumlichen Bevölkerungsbewegungen** eine wichtige Rolle zur demographischen (bevölkerungsbezogenen) Kennzeichnung eines Raumes.

Ermittelt werden können **Zu- und Abwanderungsziffern/-raten.** Überwiegt in einem Raum die Zuwanderung innerhalb eines bestimmten Zeitraums, so ergibt sich ein **positiver Wanderungssaldo**, im umgekehrten Fall ein **negativer Wanderungssaldo**.

Die Baumstruktur des Bevölkerungsdiagrammes

Diese graphische Darstellung wird häufig auch als **Bevölkerungs-** oder **Alterspyramide** bezeichnet. Sie gibt Aufschluss über die Altersstruktur, also die Anteile der verschiedenen Altersgruppen an der Gesamtbevölkerung.

Eine senkrechte Mittelachse wird unterteilt in die verschiedenen **Altersgruppen** (beginnend an der Basis mit den jüngsten und endend am Diagramm oben mit den ältesten Altersgruppen). In der Regel beträgt die Äquidistanz dabei 5 oder 10 Jahre.

An dieser Mittelachse werden nun nach links (Männer) und rechts (Frauen) die geschlechterspezifischen Anteile der jeweiligen Altersgruppe pro Tausend Einwohner abgetragen.

BEISPIEL

Altersverteilung in Burkina Faso, 1990

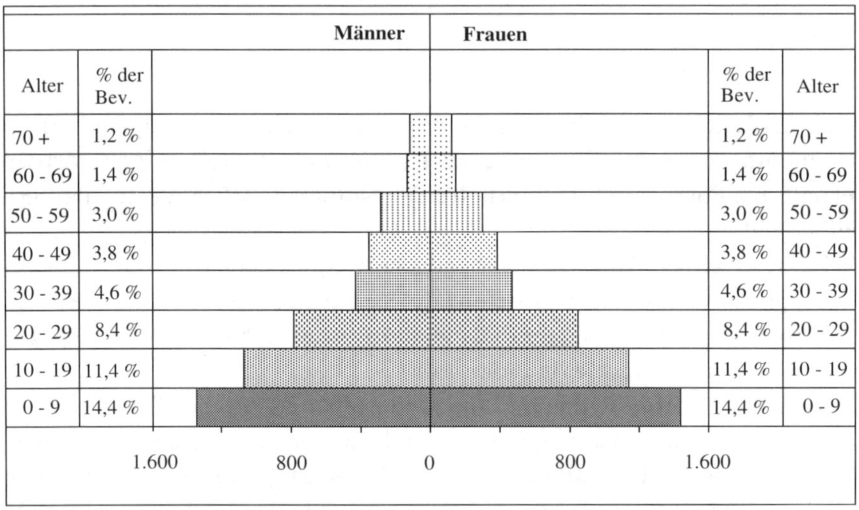

Quelle: PC Globe

Dadurch können sowohl die Anteile der jeweiligen Altersgruppe an der Gesamtbevölkerung, als auch die geschlechtsspezifische Verteilung abgelesen werden. Für Länder unterschiedlichen Entwicklungsstandes ergeben sich somit ganz typische Formen solcher Altersverteilungsdiagramme.

BEISPIEL

Grundformen von Bevölkerungspyramiden

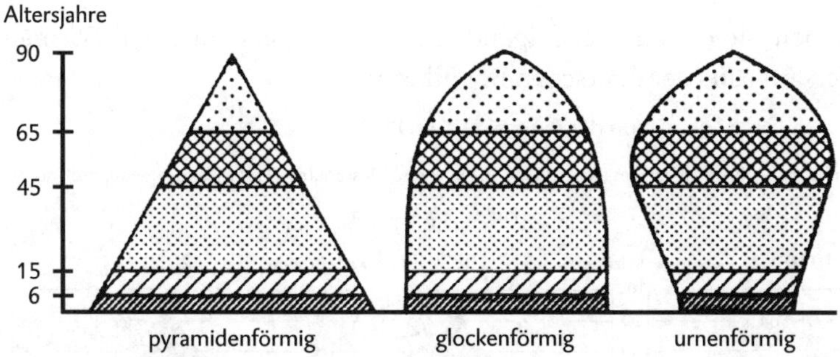

Pyramidenform: wachsende Bevölkerungszahl; jeder Jahrgang Neugeborener ist hier größer als der vorhergehende; durch den Zuwachs bei den jüngeren Geburtenjahrgängen verbreitert sich das Diagramm nach unten; jeder nächsthöhere Block verjüngt sich durch den natürlichen Absterbevorgang und durch die Tatsache, dass bei steigender Bevölkerungszahl in früheren Jahren weniger Nachkommen geboren wurden. Die Pyramidenform kennzeichnet eine **vorindustrielle Phase** und ist damit Standardform für die meisten **Entwicklungsländer**.

Glockenform: Die Jahrgänge Neugeborener sind genauso groß wie die vorangegangenen Jahrgänge. Die Form verjüngt sich nach oben durch den natürlichen Absterbevorgang. Diese Form ist typisch für eine **stagnierende Bevölkerungszahl** und findet sich in vielen **Industrieländern** wieder.

Urnenform (auch Pilzform): Jeder Jahrgang Neugeborener ist zahlenmäßig kleiner als der vorangegangene. Gegeneinander wirken nun die natürliche Absterbeordnung und das Kleinerwerden der nachfolgenden Jahrgänge. Diese Form kennzeichnet eine **abnehmende Bevölkerungszahl**. Für die Bundesrepublik Deutschland kann sie im kommenden Jahrtausend typisch werden.

Aufgaben

Vorbereitende Übungsaufgabe

Ü 51 Beschreiben Sie die aus der folgenden Abbildung ersichtlichen Formen des Altersaufbaus der deutschen Bevölkerung.

Von der Pyramide zum Pilz

Der Altersaufbau der Wohnbevölkerung im Deutschen Reich und in der Bundesrepublik Deutschland (alte Bundesländer)

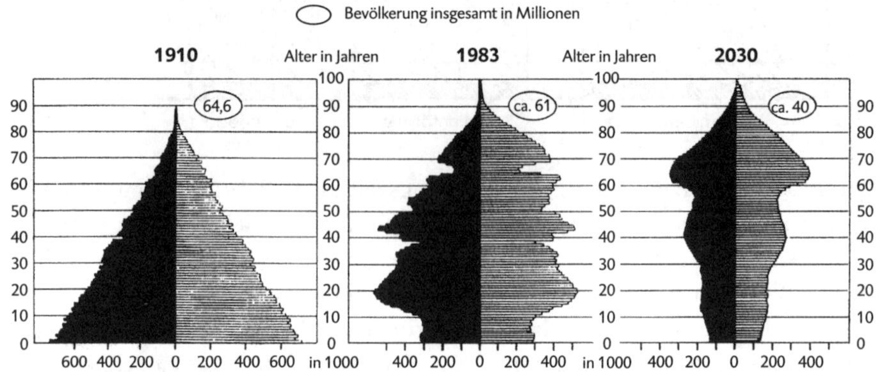

Quelle: nach Informationen zur politischen Bildung, 3/88, S. 7

Trainingsaufgaben auf Abiturniveau

A 37 Erläutern Sie die für die Bereiche A – D verantwortlichen Ursachen.

Altersaufbau der Bevölkerung in der Bundesrepublik Deutschland am 31.12.1986

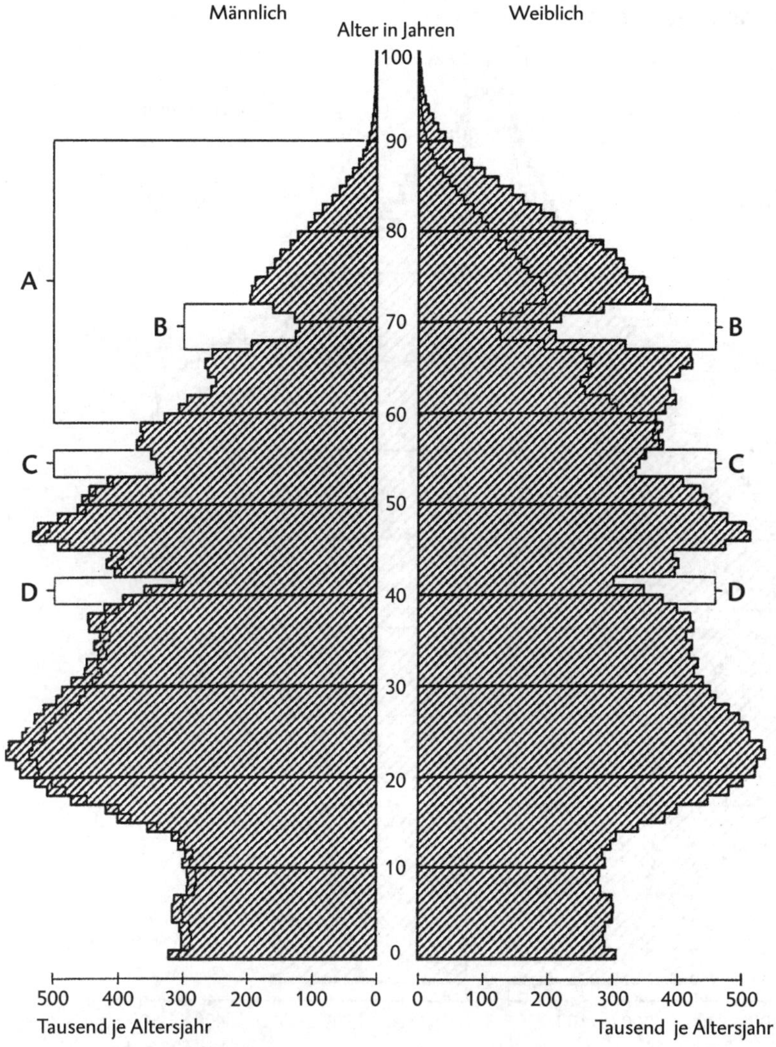

Quelle: Statistisches Bundesamt 88 0117

A 38 Erläutern Sie vorausschauend gesamtgesellschaftliche Probleme, die aus der Veränderung des Altersaufbaus von 1986 hin zu der aus der folgenden Abbildung ersichtlichen prognostizierten Urnenstruktur (2030) entstehen könnten.

Altersaufbau der Gesamtbevölkerung in der Bundesrepublik Deutschland am 31.12.1986 bzw. 2030

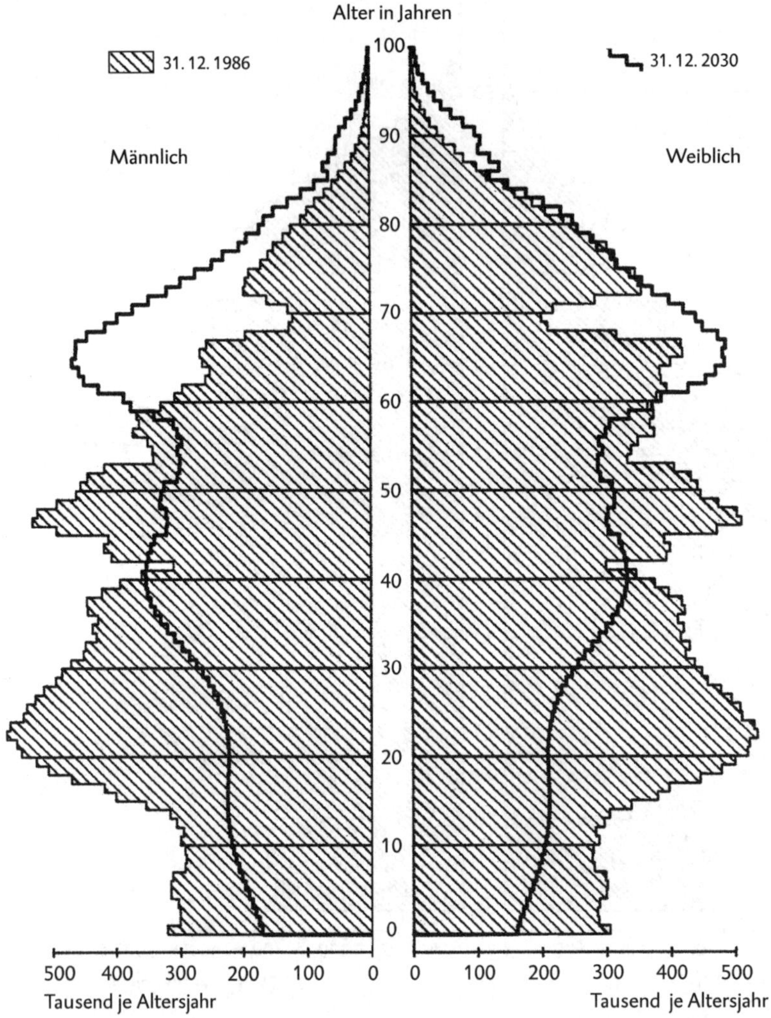

Quelle: Statistisches Bundesamt VIII B

Das Modell des demographischen Übergangs

Dieses Modell versucht in vereinfachter Form zu zeigen, wie sich **Geburten- und Sterberate** und damit die **Bevölkerungszuwachsrate** idealtypisch beim „Durchgang" eines Staates durch einen Industrialisierungsprozess verändern.

Schema des demographischen Übergangs

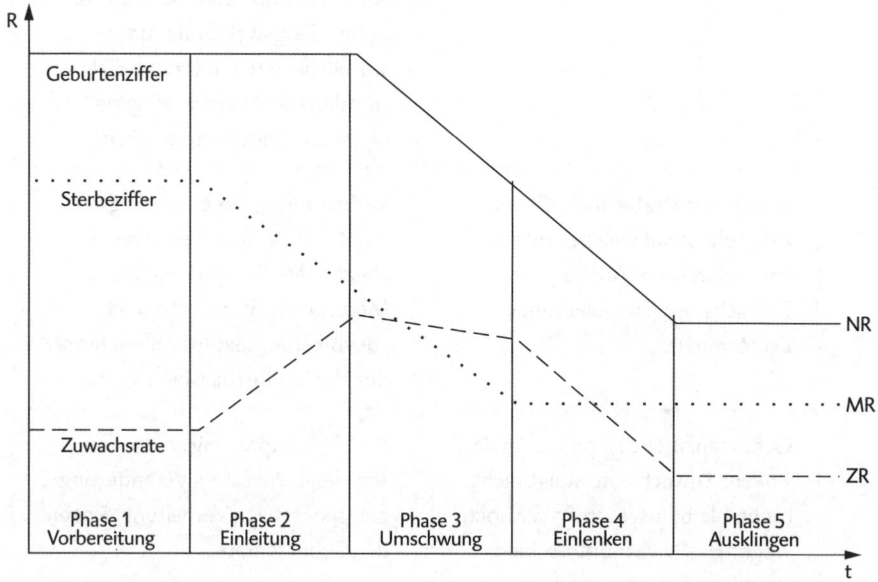

Das Modell wurde aus der Analyse der westeuropäischen Bevölkerungsentwicklung zum Verständnis des Wachstums der Industrieländer entwickelt. Heute wird es auch häufig dazu benutzt, Veränderungen in Entwicklungsländern zu beschreiben. Der Theorie des demographischen Übergangs liegt die Annahme zugrunde, dass die Veränderungen von Sterblichkeit und Fruchtbarkeit in engem Zusammenhang mit der Sozialstruktur einer Gesellschaft stehen und sich in regelhafter Weise verändern. Danach scheint jede Bevölkerung dazu bestimmt zu sein, fünf Phasen zu durchlaufen.

Phase	Merkmale	In Deutschland
1 Vorbereitung	Hohe Geburten und hohe Sterbeziffer; dadurch allerdings geringe Zuwachsrate;	Um 1800; fehlende hygienische Standards und Krankheiten resultieren in einer hohen Sterbeziffer. Teilweise zum Ausgleich der hohen Säuglings- und Kindersterblichkeit und mit dem Ziel von „Kindern als Altersversorgung" bleibt die Geburtenrate hoch.
2 Einleitung	Sinken der Sterbeziffer; Geburtenziffer bleibt auf gleicher Höhe; dadurch rascher Anstieg der Zuwachsrate („Bevölkerungsexplosion")	Verbesserung der Ernährungslage durch z. B. Ausbau des Verkehrswesens, Modernisierung der Medizin; die Sterberate sinkt. „Bevölkerungsexplosion" während der Hochindustrialisierungsphase.
3 Umschwung	Geburtenziffer beginnt ebenfalls zu sinken; Zuwachsrate steigt nicht mehr, bleibt insgesamt aber hoch wegen des Niveauunterschieds zwischen Geburten und Sterbefällen.	Ab 1880 Anpassung an die neuen sozialen Strukturen, Veränderung des generativen Verhaltens; Sinken der Geburtenrate.
4 Einlenken	Übergang zum langsamen Wachstum, da Gleichbleiben der Sterbeziffer (natürliches Niveau) und weiteres Absinken der Geburtenziffer.	Um 1900: Größte Erfolge in der naturwissenschaftlichen Medizin und in der Hygiene. Weiteres Anhalten des neuen generativen Verhaltens.
5 Ausklingen	Niedrige Geburten- und Sterbeziffern, geringe Zuwachsraten.	Ab 1925 Stabilisierung der Sterbeziffer bei etwa 11,5 Promille; seither Schwanken der Geburtenziffer bei 10 bis 20 Promille.

Aufgaben

Vorbereitende Übungsaufgaben

Ü 52 Beschreiben Sie anhand des Modells den Ursprung des Begriffs „Bevölkerungsexplosion".

Ü 53 Berechnen Sie die Zuwachsrate und den tatsächlichen Zuwachs, wenn in einem Messjahr der Phase 2 die Geburtenrate bei 36 Promille, die Sterberate bei 14 Promille liegt und eine Gesamtbevölkerungszahl von 20 Millionen vorliegt.

Ü 54 In den Phasen 1 und 5 kann die Zuwachsrate identisch sein. Welcher Hauptunterschied ergibt sich allerdings in Bezug auf die Bevölkerungsentwicklung?

Trainingsaufgaben auf Abiturniveau

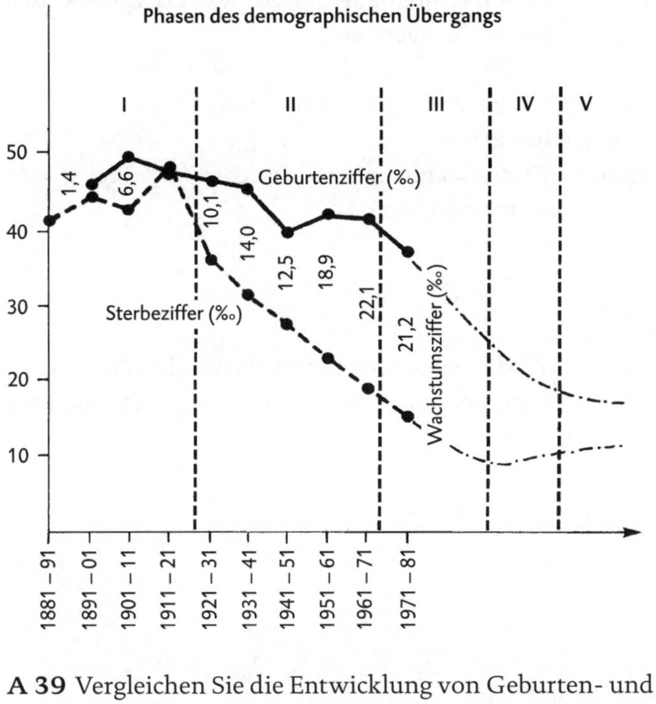

Quelle: nach Manfred Domrös, Indien. Bevölkerungsexplosion und demographischer Wechsel. In: Geographische Rundschau 2/1984, S. 48/49, verändert

A 39 Vergleichen Sie die Entwicklung von Geburten- und Sterberate in Indien mit den Phasen im Modell des demographischen Übergangs.

A 40 Warum lässt sich das Modell des demographischen Übergangs nicht bedenkenlos auf die heutigen unterentwickelten Länder übertragen?

Skizzen und Zeichnungen anfertigen

Grundsätzliche Strategien für das Anfertigen von Skizzen

Eine der Fertigkeiten, die von Ihnen im Abitur verlangt werden kann, ist die Anfertigung von Skizzen und Zeichnungen. Dabei gilt es, ein Mindestmaß an **inhaltlicher Klarheit** gepaart mit **einer sauberen und übersichtlichen graphischen Durchführung** an den Tag zu legen.

Niemand wird von Ihnen verlangen, eine druckreife zeichnerische Vorlage zu liefern, es geht um Skizzen, die komplexe Zusammenhänge vereinfacht darstellen sollen.

Beachten Sie dabei einen wesentlichen Grundsatz: **Jede Zeichnung/Skizze erhält einen guten Aussagewert erst dadurch, dass sie durch die richtige Beschriftung ergänzt wird.**

Die Beschriftung einer Zeichnung/Skizze darf aber nicht als Verbalisierung einer Thematik, also als textliche Beschreibung dessen, was Sie zeichnerisch zum Ausdruck bringen, missverstanden werden.

Die Beschriftung beschränkt sich im Wesentlichen somit auf
- **einzelne Wörter und Fachbegriffe,**
- **graphischen Zeichen,** die Zusammenhänge verdeutlichen (z. B. Pfeile, Verbindungslinien, Flächensignaturen, etc.),
- und **Teilsätze.**

BEISPIEL

Stellen Sie anhand einer vollständig beschrifteten Planskizze die Wirkzusammenhänge zwischen morphologischen und klimatischen Einflussfaktoren auf dem nordamerikanischen Kontinent dar.

Skizze:

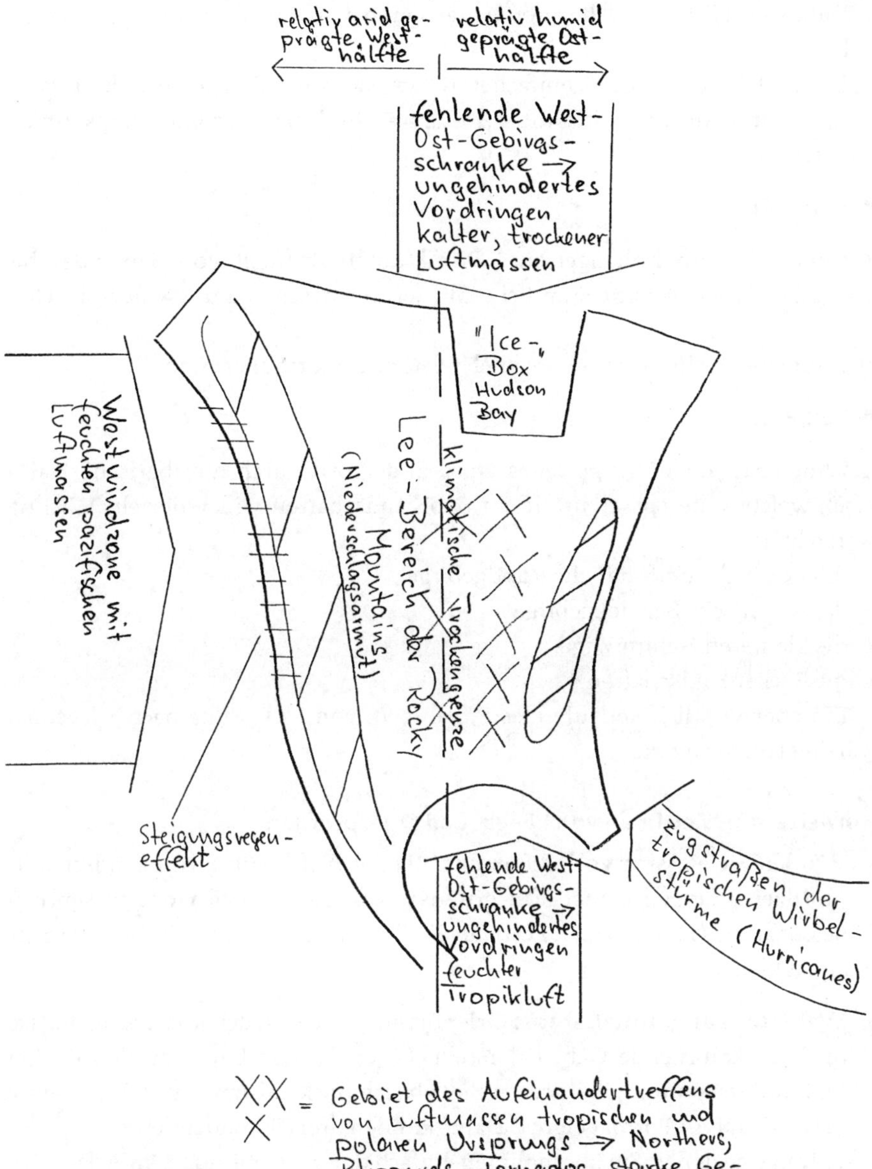
relativ arid geprägte Westhälfte
relativ humid geprägte Osthälfte
fehlende West-Ost-Gebirgsschranke → ungehindertes Vordringen kalter, trockener Luftmassen
"Ice-Box" Hudson Bay
Westwindzone mit feuchten pazifischen Luftmassen
Lee-Bereich der Rocky Mountains (Niederschlagsarmut)
klimatische Trockengrenze
Steigungsregeneffekt
fehlende West-Ost-Gebirgsschranke → ungehindertes Vordringen feuchter Tropikluft
Zugstraßen der tropischen Wirbelstürme (Hurricanes)
XX X = Gebiet des Aufeinandertreffens von Luftmassen tropischen und polaren Ursprungs → Northers, Blizzards, Tornados, starke Gewitter

Arbeiten mit Profilabbildungen

Wichtigstes Hilfsmittel bei der Anfertigung von Profilzeichnungen ist der Atlas.

Bei Profilzeichnungen „einfacherer" Art kann die Aufgabenstellung konkret, d. h. mit Angabe bestimmter Ausgangs-, End- bzw. Orientierungspunkte erfolgen.

BEISPIEL

Zeichnen Sie ein höhengetreues Profil durch Spanien von Santander bis Malaga, welches die naturräumliche Gliederung dieses Raumes widerspiegelt.

Die Aufgabenstellung kann aber auch relativ vage formuliert sein.

BEISPIEL

Zeichnen Sie ein höhengetreues Nord-Süd-Profil durch die Iberische Halbinsel, welches die naturräumlichen Großlandschaften widerspiegelt. Wichtig wären hier:

- das nördliche und südliche Randgebirge
- das Kastilische Scheidegebirge
- die kleineren Gebirgszüge
- die Beckenlandschaften.

Ein eher westlich verlaufendes Profil (z. B. von La Coruna nach Algeciras) wäre hierfür geeignet.

Hinweise zum Zeichnen von Längs- und Querprofilen

- Wählen Sie ein **sinnvolles Format.** Bei der Anfertigung von Landschaftsprofilzeichnungen eignet sich grundsätzlich das **Querformat** wesentlich besser als das Hochformat. Fertigen Sie Ihre Profilzeichnung **lieber zu groß** als zu klein an.

- **Wahl des Längenmaßstabs:** Orientieren Sie sich an der Atlaskarte, die das in Frage kommende Gebiet darstellt. Legen Sie das Lineal an den beiden Endpunkten an und überprüfen Sie, ob sich diese Distanz zur Übertragung auf das DIN A4 Format eignet. Dabei können drei Fälle auftreten:
  1. Länge geeignet: Sie übernehmen einfach den Maßstab aus dem Atlas.
  2. Länge zu kurz: Sie verdoppeln oder vervielfachen die im Atlas gemessenen Strecken.
  3. Länge zu groß: Sie halbieren (oder teilen durch einen Teiler > 2).

Bleiben Sie bei der Anfertigung auf jeden Fall **maßstabsgetreu!** Es schadet sicherlich niemals, am unteren Rand der Zeichnung eine Maßstabsleiste anzubringen bzw. den Maßstab zu vermerken.

- Wahl des **Höhenmaßstabs:** Richten Sie sich hierbei nach den vorgegebenen Höchst- und Tiefstwerten der Höhen. Achten Sie darauf, dass eine Überhöhung nicht zu drastisch ausfällt, da sonst ein völlig verzerrtes Bild entstehen könnte. Andererseits lässt eine zu geringe Höhendarstellung wichtige Unterschiede (z. B. Gebirgsschranken, die wiederum Luv- und Lee-Effekte nach sich ziehen können) nicht zur Geltung kommen.
  Tragen Sie die **Höhenskalierung gut lesbar und äquidistant** an der y-Achse an.

- Beim **Übertragen des Höhenverlaufs** aus dem Atlas ins Profil orientieren Sie sich an den verschiedenen Höhenschichtfarben. Da diese aber nur Höhenbereiche angeben, ist eine gemittelte Übernahme notwendig. Um genauere Anhaltspunkte zu haben, empfiehlt sich die Berücksichtigung von Höhenangaben an Berggipfeln, Ortschaften usw.

- Die **Beschriftung** der Profilzeichnung: Beschriften Sie **wichtige Landschaftseinheiten** (z. B. Gebirgsräume, Beckenräume, Küstenräume etc.), **Gipfel** (mit konkreter Höhenangabe), die **wichtigsten Gewässer** (Flüsse, Seen, Meeresteile). Gehen Sie grundsätzlich nach dem Prinzip **„vom Großen zum Kleinen“** vor.

Aufgaben

Vorbereitende Übungsaufgabe

Ü 55 Im Folgenden abgebildet findet sich ein Längsprofil durch die USA in Höhe des 40. Breitengrades

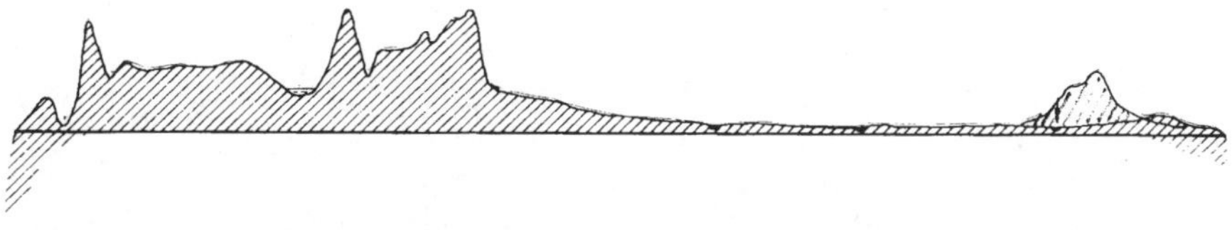

Beschriften Sie die einzelnen naturräumlichen Großlandschaften und topographischen Besonderheiten.

Trainingsaufgabe auf Abiturniveau

A 41 Ergänzen Sie die nachfolgende Profilabbildung *Querschnitt durch die USA in Höhe des 40. Breitengrades* durch eine Niederschlagsmengenkurve, welche die Niederschlagsverhältnisse der beigefügten Karte zeigt.

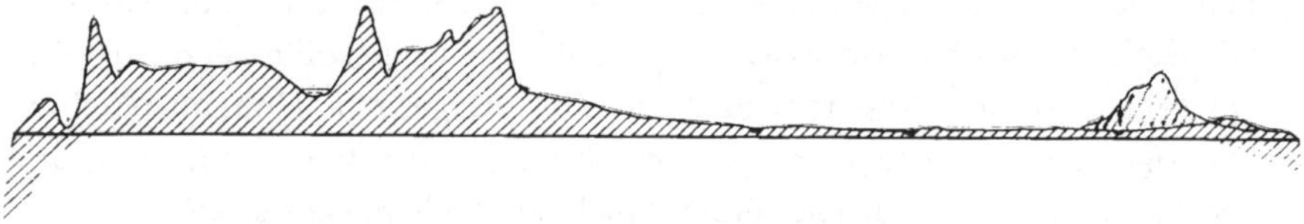

Jährliche Niederschlagsmengen in den USA

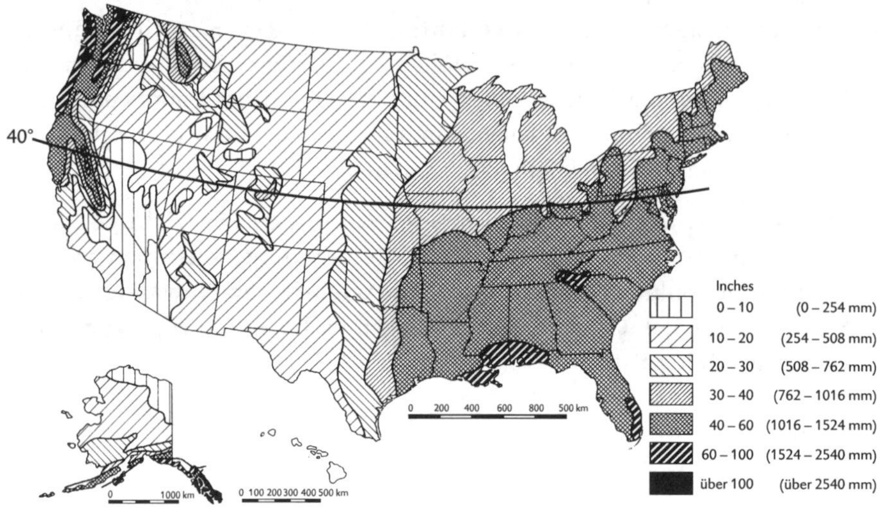

Quelle: The Nation's Water Resources 1978, S. 16

Profildarstellungen mit abstrahierendem Charakter

Profilzeichnungen werden häufig auch zur Darstellung schematisierter und abstrahierter Sachverhalte verwendet. Das folgende Beispiel zeigt ein ökologisches Profil durch die Gebiete der Prärien und Great Plains. Hierbei werden die verschiedenen Vegetationsformationen in Abhängigkeit von den Boden-, Niederschlags- und Verdunstungsbedingungen dargestellt.

BEISPIEL

Ökologisches Profil durch die Prärien und Great Plains

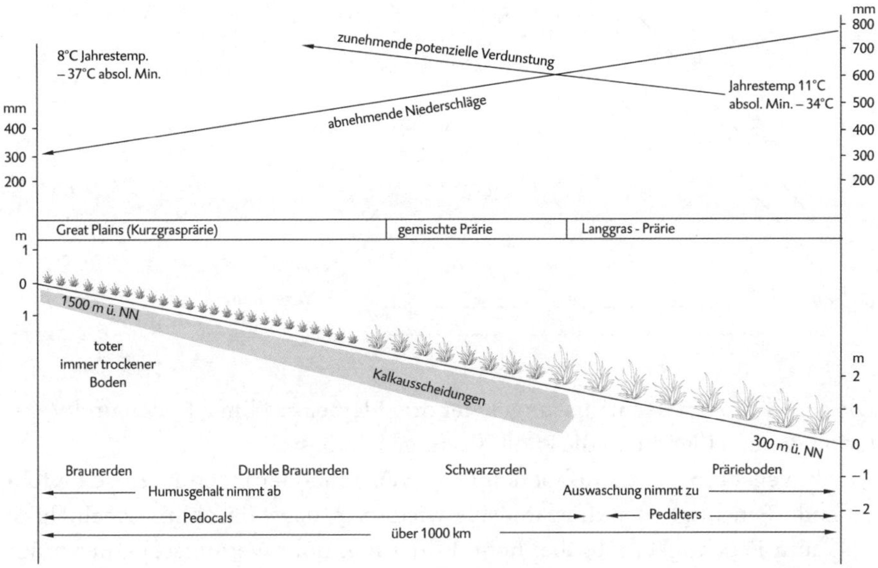

Quelle: nach H. Walter: Die Vegetation der Erde in öko-physiologischer Betrachtung. Band II. Stuttgart 1968

Aufgaben

Trainingsaufgaben auf Abiturniveau

Beantworten Sie die folgenden Fragen anhand des ökologischen Profils durch die Prärien und Great Plains.

A 42 Erläutern Sie das Zusammenwirken von Niederschlag und potenzieller Verdunstung in ihrer Auswirkung auf den Pflanzenwuchs.

A 43 Nehmen Sie kritisch zur Darstellungsweise in diesem Profil Stellung.

Graphische Darstellung von Wirkzusammenhängen

Oft ist es nötig, einen aus vielen Einzelkomponenten bestehenden Wirkmechanismus, dessen Beschreibung in Sätzen sehr umfangreich wäre, graphisch vereinfacht darzustellen. Diese Darstellungen erfolgen dann häufig in Form eines **Flussdiagrammes** (auch *kausales Flussdiagramm* genannt).

Eine sehr einfache Form einer solchen Darstellung zeigt die folgende Abbildung:

Wirkzusamenhänge zwischen Klima, Boden und Vegetation

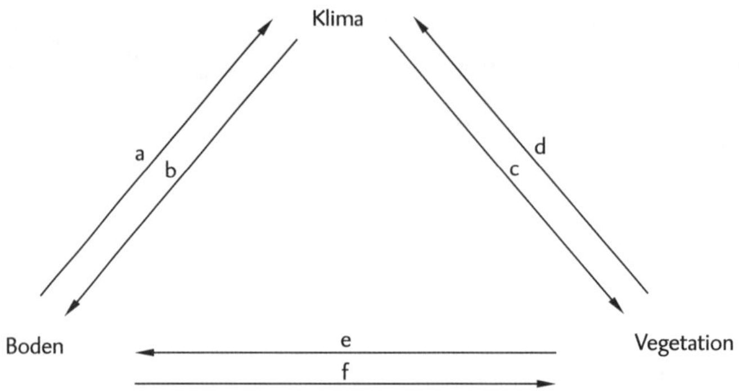

Die gegenseitigen Beeinflussungen der drei Elemente Klima, Boden und Vegetation werden hier durch die Pfeilbwegungen dargestellt:

a) z. B. vegetationsloser Rohboden (z. B. Wüstenboden), der durch seine fehlende Feuchtigkeitspufferfähigkeit wiederum das Mikroklima beeinflusst (kaum Feuchtigkeitsabgabe, hohe Erhitzung, hohe Verdunstung der minimal vorhandenen Feuchtigkeit).

b) z. B. die hohe Niederschlagsmenge und -häufigkeit in den Tropen (klimatisches Element) führt zusammen mit einer intensiven chemischen Verwitterung (ebenfalls klimatisch bedingt durch hohe Lufttemperaturen und hohe Luftfeuchtigkeit) zu einer tiefgründigen Verwitterung der Böden.

c) z. B. die starke Aridität im Sommer in Bereichen des Mittelmeerklimas führt zu Anpassungsformen der Pflanzen an die klimatischen Verhältnisse (Hartlaubgewächse, reduzierte Blattgrößen zur Verminderung der Verdunstung).

d) z. B. die Entfernung der Vegetationsdecke durch Rodung führt zu einer Veränderung des Mikroklimas (beispielsweise durch Wegfall des Feuchtigkeitsspeichers).

e) z. B. (unter natürlichen Verhältnissen eher selten) kann der Anbau bestimmter Nutzpflanzen zur Veränderung des Bodengefüges führen.

f) z. B. die Bodenbeschaffenheit bestimmt die Art des Pflanzenwuchses, so etwa bei salzhaltigen Böden in Küstennähe, die oft nur halophytische (salzliebende) Vegetation zulassen.

In diesem Zusammenhang beliebt ist auch die graphische Darstellung in **Wirkkreisläufen**. So ein Ihnen sicher bekannter Kreislauf ist der sogenannte

Teufelskreislauf der Armut in Entwicklungsländern

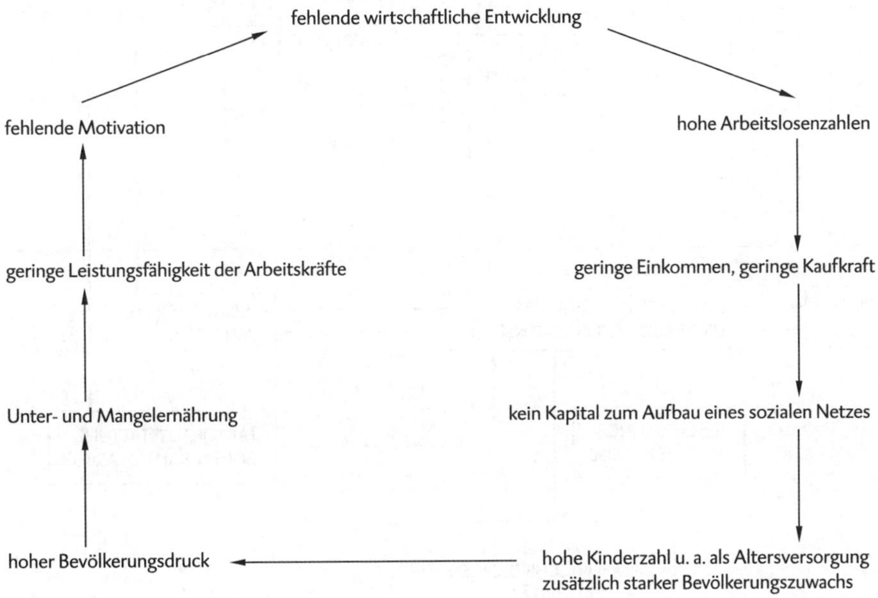

Die folgende Abbildung zeigt nun bereits ein sehr komplexes Wirkungsgefüge, in welchem die **Verflechtung eines Agrar-Ökosystems mit dem Wirtschafts- und Gesellschaftssystem** dargestellt wird.

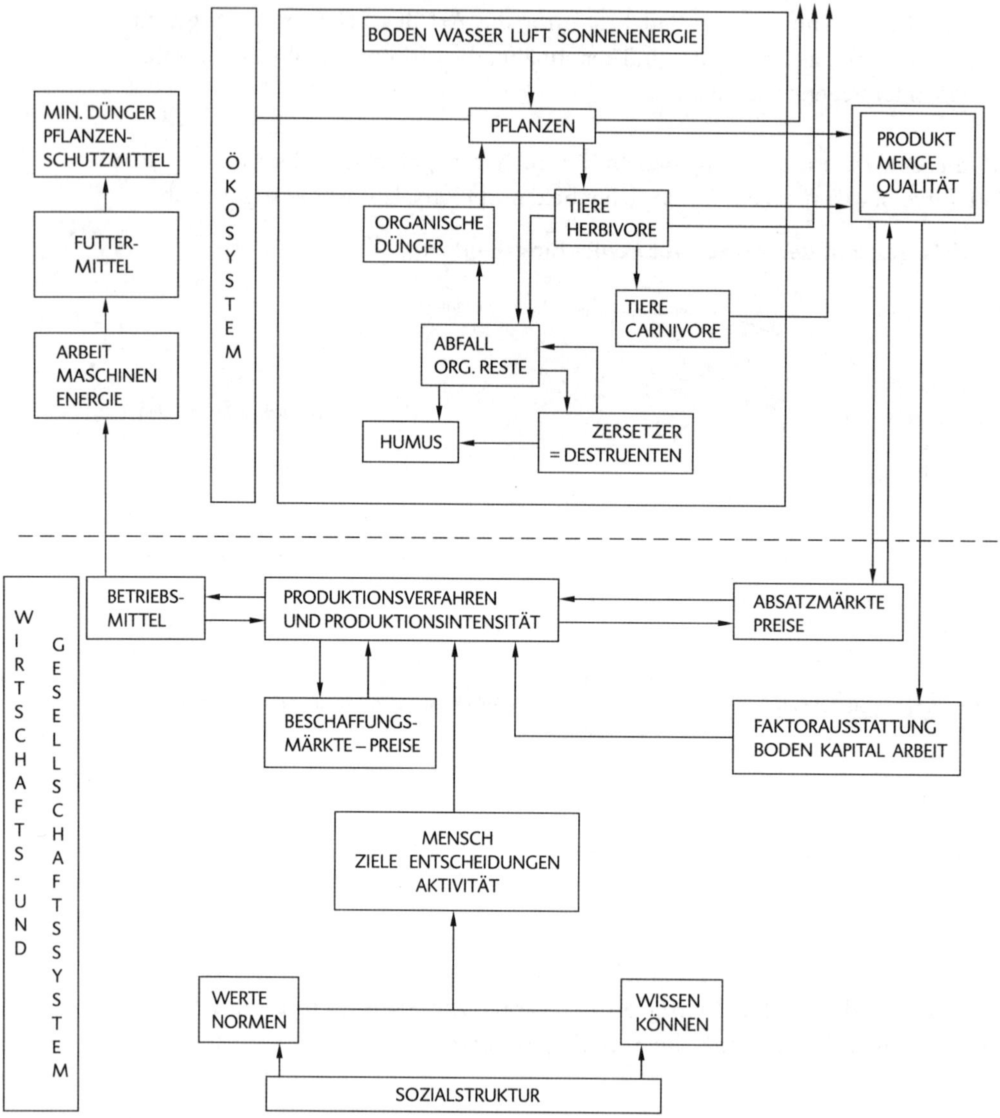

Quelle: Norbert Knauer: Vegetationskunde und Landschaftsökologie. UTB, Heidelberg, Quelle & Meyer, 1981, S. 240

Aufgaben

Vorbereitende Übungsaufgabe

Die folgenden Übungsaufgaben beziehen sich auf die Abbildung *Schematische Darstellung der Verflechtung eines Agrar-Ökosystems mit dem Wirtschafts- und Gesellschaftssystem.*

Ü 56 Beschreiben Sie zwei Stoffkreisläufe im Agrar-Ökosystem.

Trainingsaufgaben auf Abiturniveau

A 44 Geben Sie anhand des Wirtschaftssystems der zentralen Planwirtschaft (Feld *Sozialstruktur)* Aufschluss darüber, wie dieses sich letztendlich (über die verschiedenen Zwischenstufen des Diagramms sichtbar) auf das Agrar-Ökosystem auswirkt.

A 45 Erstellen Sie ein kausales Flussdiagramm, welches die negativen ökologischen Wirkzusammenhänge des Baus des Assuan-Hochstaudamms darstellt.
(Tipp: Untergliedern Sie in Wirkmechanismen vor und hinter dem Staudamm!

Arbeiten mit komplexen, ausgefallenen Darstellungsformen

Bewahren Sie Ruhe

Neben den in diesem Band vorgestellten typischen Anlagen zu Abituraufgaben (Diagramme, Luftbilder, Statistiken etc.) kommen immer wieder auch neue, unbekannte graphische Darstellungen vor. Sie mögen auf den ersten Blick ungewohnt, ja sogar verwirrend erscheinen, aber folgen Sie unserem Rat und bewahren Sie Ruhe! Auch mit diesen unbekannten Darstellungsformen werden Sie zurecht kommen können, wenn Sie gelassen und systematisch an die Interpretation herangehen. Entscheiden Sie sich vor allem nie vorschnell dazu, eine Abituraufgabe nicht zu bearbeiten, bloß weil sie eine unbekannte Darstellung enthält – speziell dann nicht, wenn Sie mit allen anderen Teilaufgaben gut zurecht kommen.
Die unbekannten Darstellungsformen werden in die Abituraufgaben integriert, um festzustellen, ob Sie Ihr Wissen, aber insbesondere auch Ihre Fertigkeiten auf neue Gegebenheiten einstellen können.

Systematisches Herauslesen der Informationen

Im folgenden geben wir Ihnen Beispiele für ungewöhnliche Darstellungsformen, um ihnen daran zu zeigen, wie Sie auch mit diesen Aufgaben fertig werden.

Deshalb wird nun nicht mehr nach *Vorbereitenden Übungsaufgaben* und *Abiturrelevanten Trainingsaufgaben* unterschieden, sondern es werden Fragen und zusammenhängende Fragenkomplexe gestellt, die durchaus „Abiturcharakter“ besitzen.

Hier können Sie nun Ihre erworbenen Fertigkeiten auf unbekanntes Material anwenden!

Aufgaben

Trainingsaufgabe 1

Prognostizierte Entwicklung der Anzahl der Farmen und ihr Anteil an der Agrarproduktion in den USA im Jahre 2000

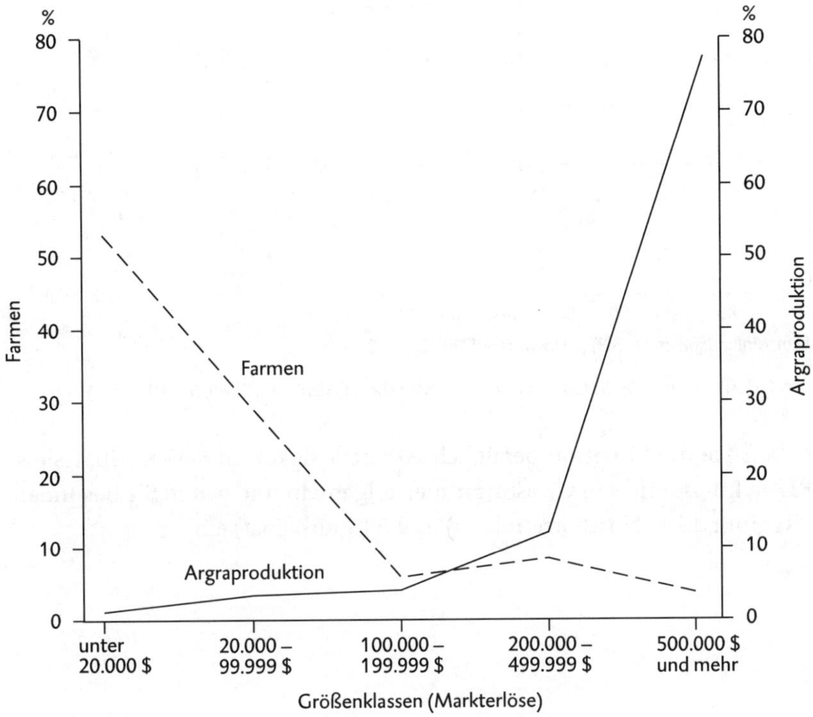

Quelle: Office of Technology Assessment 1986, S. 96; Lin, Coffman und Pun 1980

Erläutern Sie das Verhältnis der unterschiedlichen Größenklassen (gemessen an ihren Markterlösen) zur Agrarproduktion und zu den Farmanteilen.

Trainingsaufgabe 2

Arbeitslosigkeit und Wirtschaftsleistung nach Regionen im Vereinigten Königreich (1984)

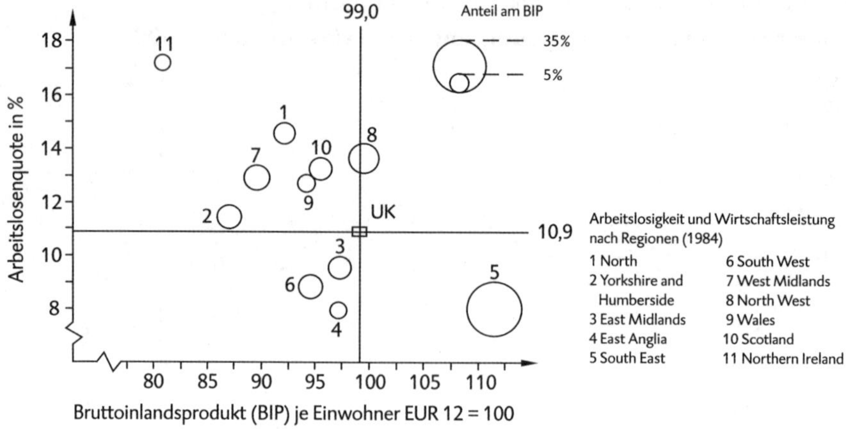

Quelle: nach Orbis. Erdkunde für die Oberstufe. Europa. München, Oldenbourg 1989, S. 110

Beschreiben Sie die Situation bezüglich Arbeitslosigkeit und Wirtschaftsleistung (BIP je Einwohner) in Großbritannien allgemein und gehen Sie besonders auf die Regionen 11 (Northern Ireland) und 5 (South East) ein.

Trainingsaufgabe 3

Regionale Disparitäten: South East and West Midlands

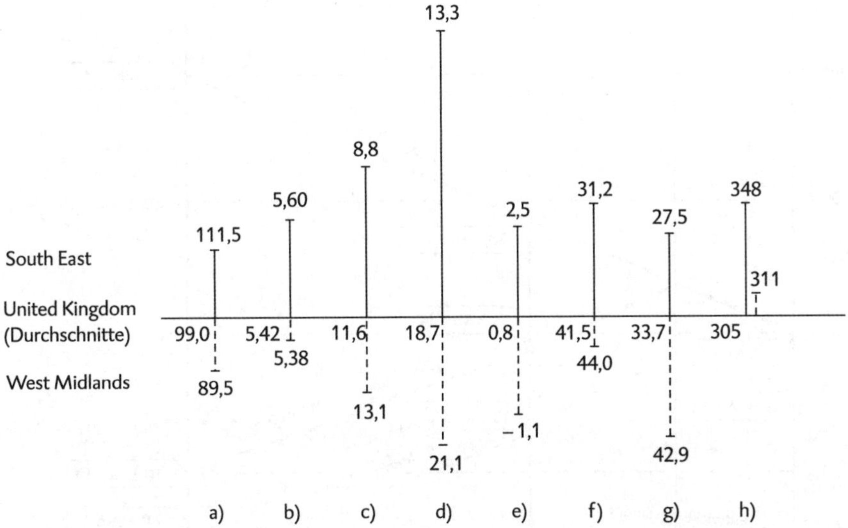

a) BIP je Einwohner in ECU, EUR 12 = 100
b) Stundenverdienst in der Industrie in ECU
c) Arbeitslosenquote in %
d) Arbeitslosenquote in % Alter unter 25 J.
e) Wanderungssaldo je 1000 Einwohner
f) Wertschöpfung im sekundären Sektor in %
g) Erwerbstätige im sekundären Sektor
h) Pkw je 1000 Einwohner
(Daten aus den Jahren 1982 – 1986)

Quelle: Orbis. Erdkunde für die Oberstufe. Europa. München, Oldenbourg 1989, S. 111

Stellen Sie die regionalen Disparitäten zwischen den beiden Regionen anhand der vorgegebenen Indikatoren dar. Beurteilen Sie dabei auch die Eignung der gewählten Indikatoren zur Feststellung regionaler Disparitäten.

Trainingsaufgabe 4

Reduktionsziele zur CO_2-Emission

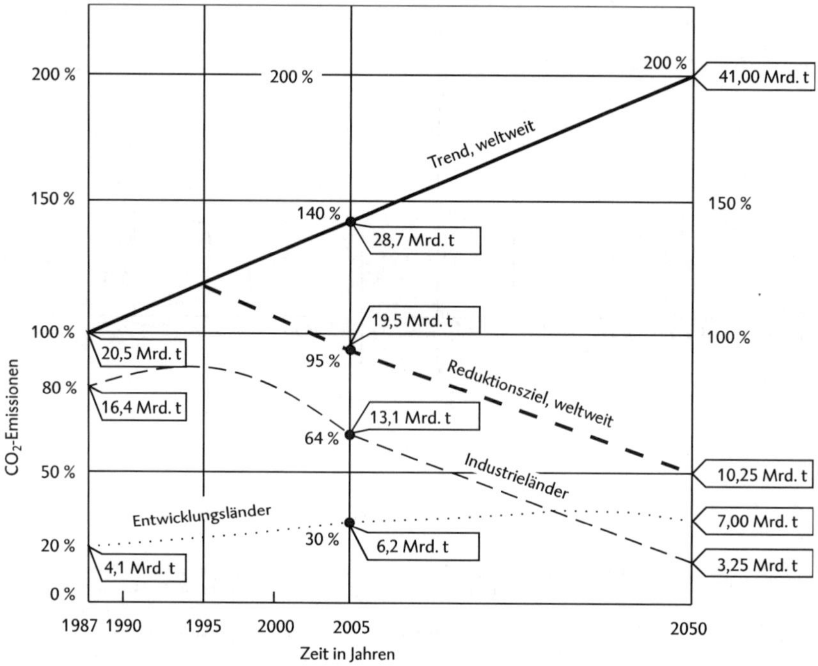

Quelle: nach C.-D. Schönwiese: Klima im Wandel. Reinbek 1994, S. 203

Relativieren Sie anhand der Abbildung die Aussagen über die Reduktionsziele zur CO_2-Emission weltweit, sowie bezogen auf die Industrie- und Entwicklungsländer im Zeitraum zwischen 1987 und 2050.

Trainingsaufgabe 5

Die Beziehung zwischen Waldvegetation und Jahresniederschlagshöhe sowie der Dauer der Dürrezeit in Monaten in Indien

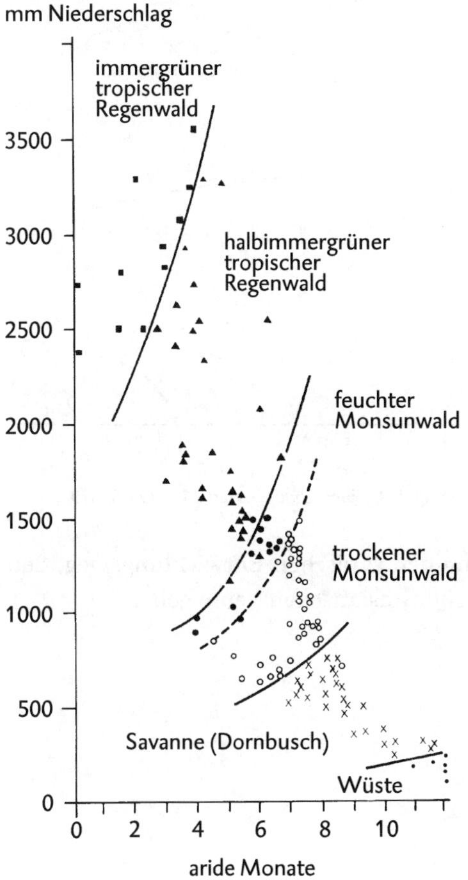

Quelle: nach Jürgen Schultz: Die Ökozonen der Erde, UTB, S. 370

1. Erstellen Sie anhand des oben abgebildeten Punktverteilungsdiagrammes eine Tabelle, die die Abhängigkeit der einzelnen Vegetationsformationen in Indien von den Jahresniederschlagswerten und der Anzahl der ariden Monate aufzeigt. Geben Sie in dieser Tabelle sowohl den Bereich der Bandbreiten als auch den Bereich der Kernbereiche an.
2. Treffen Sie hinsichtlich der Abbildung und der Tabelle grundsätzliche Aussagen bezüglich der Abhängigkeiten.

Trainingsaufgabe 6

Produktion und Außenhandel im „Modell der Fluggänse"

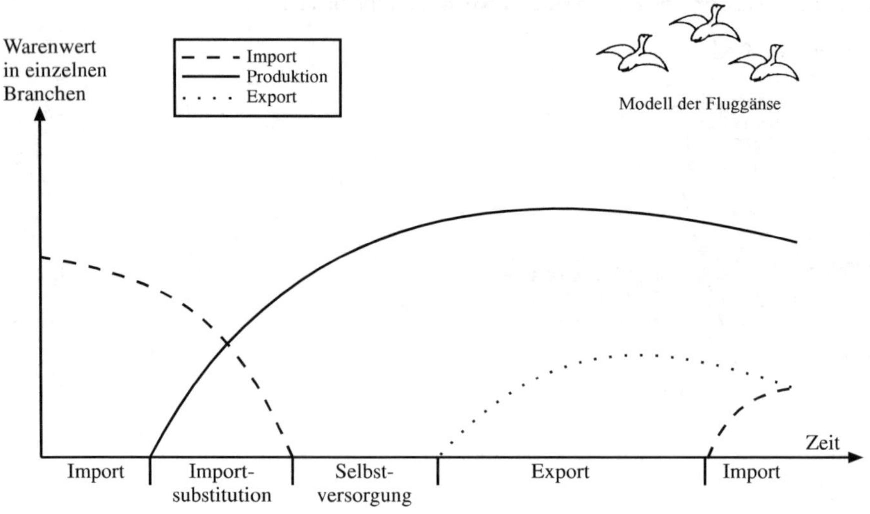

Quelle: nach H. G. Hilpert: Yen-Block in Asien? In: Geographische Rundschau, 46 Heft 11, 1994, S. 619

Erläutern Sie mit Hilfe der Abbildung den typischen Entwicklungsweg, den die sogenannten Schwellenländer im südostasiatischen Raum gehen.

Trainingsaufgabe 7

Monatsmitteltemperaturen (°C) und Monatsniederschlagsmengen (mm)

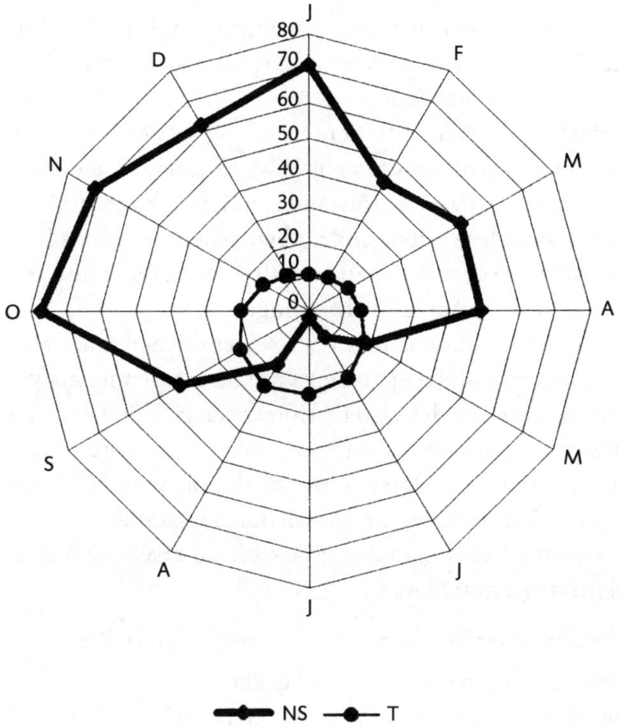

Quelle: eigene Darstellung

1. Nennen Sie die mittlere Monatstemperatur und die Niederschlagsmenge im November.
2. Beschreiben Sie die klimatischen Merkmale dieser Station und ordnen Sie die Station der richtigen Klimazone zu. Begründen Sie Ihre Entscheidung.

Methodenkritisches Arbeiten

Grundsätzliche Strategien zum „kritischen Analysieren“

Im Leistungskurs Erdkunde wird von Ihnen eine **kritische Analyse der dargebotenen Darstellungsformen** erwartet. Vor- und Nachteile der jeweiligen Darstellungsart sollen hierbei herausgearbeitet werden.

Mit dieser Art der Aufgabe soll überprüft werden, ob Sie in der Lage sind, sich kritisch mit den Ihnen zur Verfügung gestellten Materialien auseinander zu setzen. Sie sollen also beweisen, dass Sie imstande sind, graphisches Material auf seine Aussagekraft hin zu bewerten, und zu beurteilen, ob es das leistet, was es leisten soll, nämlich anschaulicher zu sein als eine Statistik und mit welchen Mitteln dies gelingt bzw. warum es nicht gelingt.

Grundsätzlich empfiehlt sich bei der Beantwortung einer solchen Frage eine klare Trennung zwischen positiven und negativen Faktoren, aus deren Analyse heraus dann u. U. auch ein abschließendes Urteil erfolgen kann. Um diese präzise Übersicht zu erlangen, empfiehlt es sich, zunächst alle guten bzw. schlechten Merkmale der graphischen Darstellung stichpunktartig auf Konzeptpapier zu notieren, um sie dann ordnen und gewichten zu können.

Bei der kritischen Bewertung muss man grundsätzlich unterscheiden zwischen **graphischen** und **inhaltlichen** Elementen.

Bei den **graphischen Elementen** sollte man sich folgende Fragen stellen:

- Ist das Gesamterscheinungsbild übersichtlich und gegliedert?
- Werden konkrete Angaben (z. B. Mengen, Prozente) gemacht?
- Ist die Skalierung eindeutig und einheitlich (äquidistant), oder gibt es Sprünge bzw. andere Ungereimtheiten?
- Ist die Skala so angebracht, dass die Graphik leicht zu erschließen ist?
- Sind die Signaturen klar und eindeutig oder unübersichtlich?
- Verdecken vordere hintere graphische Informationen?
- Ist der Maßstab sinnvoll gewählt, d. h. sind alle Informationen gut herauszulesen?

Bei einer **inhaltlichen Kritik** kann man eine Graphik anhand folgender Fragen überprüfen:

- Stimmen die Aussagen der Überschrift mit den in der Graphik aufgeführten Einzelfaktoren überein?
- Decken die Einzelfaktoren den angegebenen Themenkomplex wirklich voll ab oder wären sie ergänzungsbedürftig?
- Sind die Maßeinheiten vollständig und sachlich richtig angegeben?

- Sind die Einzelfaktoren wirklich vergleichbar?
- Sind eventuelle Gruppenbildungen, die vorgenommen wurden sinnvoll?
- Sind die Daten auf einem aktuellen Stand?
- Ist eine bibliographische Quelle angegeben? Es gibt verlässliche und weniger verlässliche.
- Werden redundante bzw. überflüssige Angaben sichtbar, welche die Gesamtinterpretation nur unnötig belasten?

Aufgaben

Trainingsaufgabe 8

Wandel im Jahresgang des Fremdenverkehrs in Südtirol 1985 nach Höhenstufen von 300 m

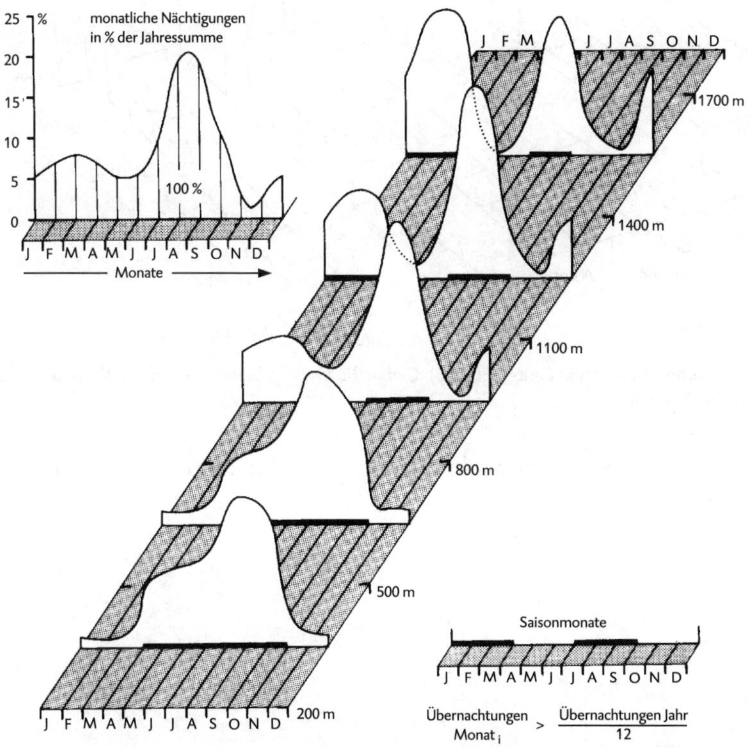

Quelle: nach Dieter Uthoff: Fremdenverkehr in Südtirol. Frankfurter Beiträge zur Didaktik der Geographie Bd. 10. Frankfurt: Selbstverlag des Instituts für Didaktik der Geographie der Uni Frankfurt. 1987, S. 185

Nehmen Sie kritisch zur Aussagekraft der Abbildung Stellung.

Trainingsaufgabe 9

Zuwachs von geschützten Flächen pro Zehnjahresperiode (ohne frühere Sowjetunion, Ozeanien und Grönland)

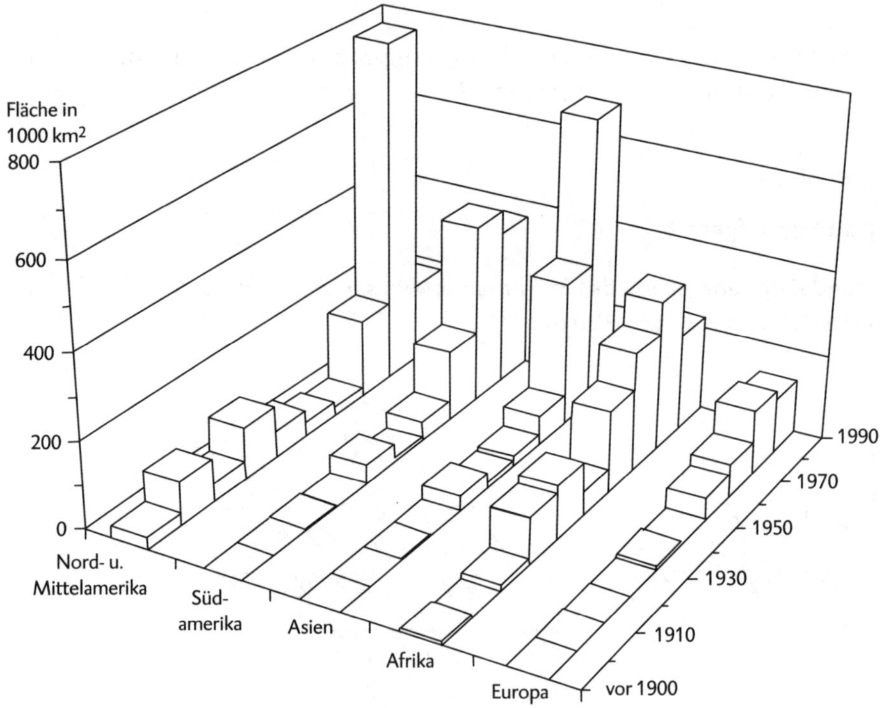

Quelle: World Conservation Monitoring Center (ECMC): Global Biodiversity. Status of the Earth's Living Resources. London 1992, S. 450

Nehmen Sie kritisch zur Aussagekraft und zur Darstellungsweise dieser Graphik Stellung.

Trainingsaufgabe 10

Verhütungsmethoden im Vergleich

Industrieländer

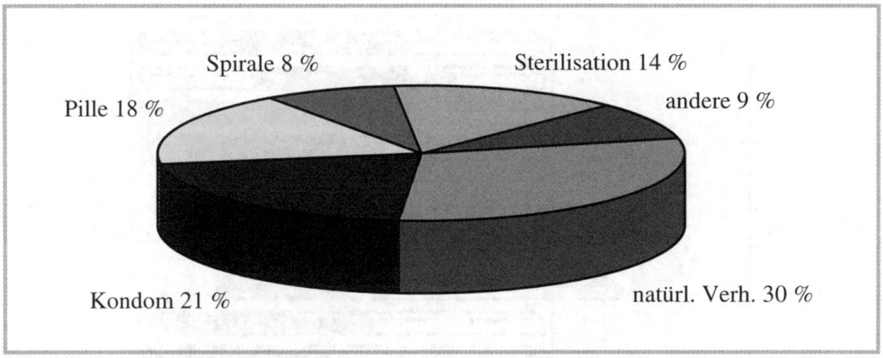

Entwicklungsländer

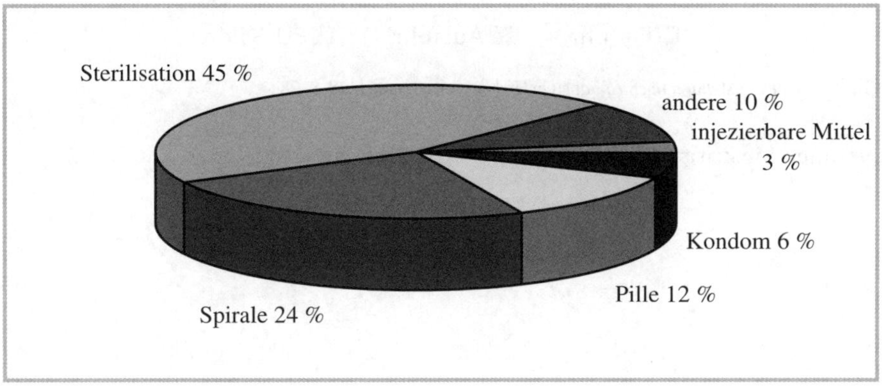

Daten nach Weltbevölkerungsbericht für UNFPA (UNESCO), 1991

Nehmen Sie kritisch Stellung zur Darstellungsweise der Graphiken.

Trainingsaufgabe 11

Wichtige Außenhandelspartner der EU 1995
(Prozentangaben beziehen sich auf das Handelsvolumen)

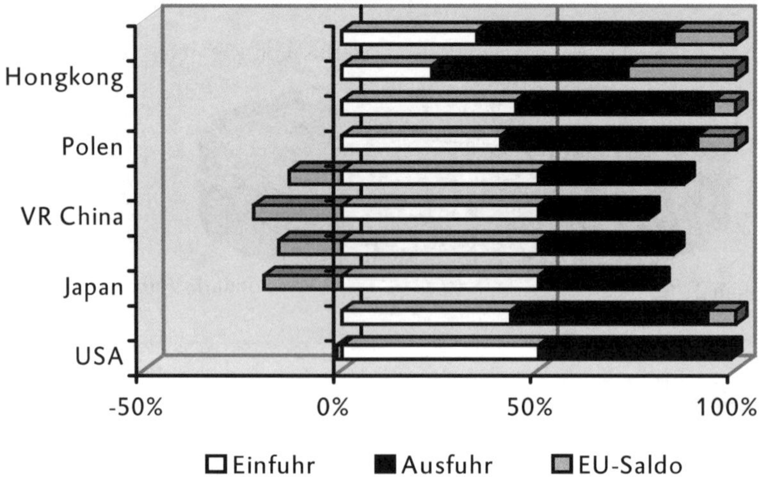

Quelle: eigene Darstellung nach Angaben in Fischer Weltalmanach 98, S. 984

Nehmen Sie kritisch Stellung zu der Darstellungsweise.

Lösungen

Vorbereitende Übungsaufgaben

Ü 1 Z. B.:

- Topographische/physisch-geographische Karten S. 184 und 190/191 (reliefbedingten Strukturen).
- Niederschläge im Jahr, S. 186/3 (Gebiete mit hohen Niederschlagsmengen und eventuell daraus resultierender hoher Erosionskraft).
- Landwirtschaft, S. 187 (Gebiete mit extensiver Weidewirtschaft in hügeligem Gelände sind häufig Anzeichen für größere Erosionsraten).
- Great Plains – Landnutzung, S. 198/1 (siehe Legende: Kernbereich der Winderosion).
- Blaine County, S. 198/3 – Erosionsgefährdung/Landnutzung.

Ü 2 Z. B.:

- Topographische/physisch-geographische Karten, S. 142/43 und 148/149 (topographische Gegebenheiten und deren klimatische Auswirkungen, z. B. große West-Ost-Erstreckung/hohe Kontinentalität, fehlende West-Ost-Gebirgsschranke im Norden und daraus resultierendes ungehindertes Vordringen polarer Luftmassen, etc.).
- Temperaturen im Januar/im Juli, S. 144/1 und 2 (Ermittlung der Jahrestemperaturamplitude und deren regionale Verteilung).
- Niederschläge im Jahr, S. 144/3 (Ermittlung arider, semiarider, semihumider und humider Regionen, regionale Niederschlagsverteilung).
- Wirtschaft, S. 150/151 (Rückschlüsse auf die klimatischen Gegebenheiten aus der landwirtschaftlichen Nutzung).

Ü 3 Mit der Maßstabsleiste in der Kartenlegende: Man misst die Entfernung in der Karte und liest sie an der Maßstabsleiste ab.
Oder durch Maßstabsberechnungen: Man misst die Entfernung in der Karte in cm, multipliziert sie dann mit dem Maßstab (Ergebnis in cm) und rechnet dann die cm in km um.

Ü 4 4 cm auf der Karte entsprechen in Wirklichkeit 4 cm × 500.000, also 2.000.000 cm. Dieses Ergebnis geteilt durch 100 ergibt die Anzahl der Meter, nämlich 20.000 m. Dieses Ergebnis geteilt durch 1000 ergibt die Anzahl der km, nämlich 20 km.

Ü 5 Rechnen Sie zunächst die 3 km in cm um: 3 km entsprechen 3000 m, diese entsprechen 300.000 cm. Jetzt teilen Sie die umgerechneten cm durch den Maßstab und erhalten die Entfernung (in cm) auf der Karte: 300.000 cm dividiert durch 50.000 ergibt 6 cm.

Ü 6
a) blaue Raute
b) schwarze Raute
c) rote Punkte auf beigem Untergrund
d) schwarzer Blitz auf blauem Untergrund
e) gelber Kolben
f) schwarzer Anker auf blauer Kreisfläche

Ü 7
a) Wirtschaftsleistung eines Staates/einer Region; Möglichkeit des Vergleichs mit anderen Staaten/Regionen.
b) Entwicklungsstand bzw. Typisierung eines Staates im Vergleich zu anderen Staaten: überdurchschnittliche Anteile im primären Sektor kennzeichnen beispielsweise einen Staat/eine Region als vorwiegend agrarisch geprägt.
c) Kennzeichen für wirtschaftliche Passivräume/strukturschwache Räume bei hoher, für strukturstarke Räume bei geringer Jugendarbeitslosigkeit.
d) Attraktivität eines Raumes.
e) Entwicklungsstand des Gesundheitswesens.
f) Grad der Spezialisierung und der Intensivierung.
g) Natürliche Bevölkerungsbewegungen.

Ü 8 Allgemein: Zunahme der Bevölkerung.
Detailliert: Zwischen 1940 und 1950 starke Zunahme der Bevölkerung, wahrscheinlich infolge von regionaler Zuwanderung nach dem 2. Weltkrieg (Vertriebene). Danach kontinuierlich mäßige Zunahme.

Ü 9 *Fläche in Quadratkilometern:* nicht aussagekräftig.
Anteil der Bevölkerung mit Zugang zu Gesundheitsdiensten: deutlicher Indikator für den Stand und die regionale Verteilung des Standes des Gesundheitswesens.
Bruttosozialprodukt pro Kopf: brauchbarer Indikator (da Durchschnittswert) für den Vergleich der Wirtschaftsleistung des Staates mit anderen.
Krankenhausbetten pro 1000 Einwohner: brauchbarer Indikator für den Vergleich des Standes des Gesundheitswesens mit anderen Staaten.
Anzahl der Hafenstädte: unbrauchbarer Indikator.

Entwicklungshilfeleistungen: relativ brauchbarer Indikator, allerdings müssten Ländervergleiche gezogen werden, darüber hinaus müsste ermittelt werden, in welchen Bereichen die Entwicklungshilfe mit welchen Erfolgen getätigt wurde.

Erwerbstätige in der Industrie: nur brauchbar, wenn die Anteile im Vergleich zum sekundären und zum tertiären Sektor betrachtet werden.

Ü 10 80.000 entsprechen 100 %, also entsprechen 800 einem Prozent. 140.000 dividiert durch 800 entspricht einem Index-Wert von 175.

Ü 11 Man müsste zusätzlich noch wissen, inwiefern/ob die Gesamtnahrungsmittelproduktion dividiert durch die Bevölkerungszahl den tatsächlichen Kalorienbedarf eines Menschen in diesem Land überhaupt decken kann. Darüber hinaus bleibt fraglich, ob die Bevölkerung auch tatsächlich Zugang zu den Nahrungsmitteln hat. Außerdem muss danach gefragt werden, welcher Teil der produzierten Menge (z. B. cash crops) in andere Länder exportiert wird, und damit nicht der einheimischen Bevölkerung zur Verfügung steht.

Ü 12 Die Kennzeichnung des Entwicklungsstandes erfolgt über die Betrachtung vielfältiger Indikatoren, aber vor allem durch den Vergleich mit Daten anderer Länder. Ein solcher Vergleich ist bei absoluter Angabe der Gesamtmenge BIP nicht möglich, weil ja schließlich Bevölkerungszahl und andere länderspezifische Gegebenheiten berücksichtigt werden müssen. Unbedingt erforderlich für einen Ländervergleich ist zumindest die Umrechnung in BSP pro Kopf.

Ü 13 Die absoluten Angaben müssen ins Verhältnis zu einer Gesamtmenge gesetzt werden.

Vorgehensweise: Gesamtangabe geteilt durch 100 entspricht einem Prozent (Ergebnis x). Absolute Angabe geteilt durch x entspricht dem Prozentanteil.

Ü 14
a) Erwerbsstruktur
b) Anthropogener Treibhauseffekt
c) Natürliches Bevölkerungswachstum
d) Standortfaktor Verkehrsanbindung
e) Terms of Trade

Ü 15 a) Schwellenländer (auch Newly Industrialized Countries [NIC]).
b) Höheres Bildungsniveau, Wachstumsorientierung durch Exportindustrien, zahlenmäßige Führungsschicht.
c) z. B. China (Wirtschaftssonderzonen).

Ü 16 Es wirkt plastischer (dreidimensional), weil durch die schräge Aufsicht eine räumliche Perspektive erzeugt wird. Außerdem lassen sich reliefbedingte Unterschiede durch einen eventuellen Schattenwurf besser ausmachen.

Ü 17 a) Segmentierung 2
b) Segmentierung 1

Ü 18 Vorwiegend lineare Signaturen: Straßen, Eisenbahnlinien;
Punktuelle Signaturen, z. B. Bahnhöfe, Straßenkreuzungen, Busbahnhöfe.

Ü 19 a) Die Entwicklungsländer veräußern ihre Rohstoffe zu relativ niedrigen Weltmarktpreisen ohne diese selbst weiter zu verarbeiten. Sie entziehen sich dadurch selbst die Basis für eine eigene wirtschaftliche Entwicklung.
b) Hinter dieser Karikatur steckt eine ironisierende Andeutung. Fische leben normalerweise ja nicht in Trinkwasserkörpern. Dadurch, dass der Fisch selbst das Trinkwasser verabscheut, wird angezeigt, dass die von den Industrieländern definierten Grenzwerte der Wasserbelastung nur rein theoretischen Charakter haben, sich also nicht an natürlichen Erfordernissen orientieren.
c) Hier wird die enorme Gesamtbelastung eines Gewässers, der Nordsee, angesprochen (Belastung durch Einleitung von Flusswasser, Müllverklappung, Müllverbrennung auf hoher See, Belastungen durch die Erdölförderung, etc.).
d) Waldsterben: Forderung (Infusionsflasche) nach einer nachhaltigen Behandlung, also Maßnahmen zur Reduzierung der Schadstoffbelastung. Anders interpretiert: Darlegen des Krankeitszustandes des Waldes.
e) Andeutung der Konfrontation zwischen westlich entwickelter Welt (Handy, Laptop) und unterentwickleten Regionen (Holzhütte in Amazonien). Zudem Hinweis auf die enorme Staatsverschuldung lateinamerikanischer Länder in ihrer Abhängigkeit von westlich industrialisierten Ländern.
f) Missverstehen ökologischer Wirkzusammenhänge.

Ü 20 a) Thematik Weltenergieversorgung. Einer rasch steigenden Weltbevölkerung (gekennzeichnet durch die große Anzahl an Kinderwagen) läuft die Energieversorgung (als Krankenschwester mit Fläschchen) hinterher. Die Karikatur spielt auf einen möglichen Kollaps der Energieversorgung an.

b) Thematik Waldsterben. Dem Problem wird dadurch begegnet, dass durch das Abholzen kranker Bäume eine „statistische" Lösung gefunden wurde (Erfassung kranker Bäume nicht mehr möglich, dadurch statistische Verbesserung des Zustands.)

c) Thematik Schuldenkrise in Lateinamerika. Der „Pleitegeier" (Gesichtsausdruck pessimistisch) balanciert auf dem Sombrero Mitglieder südamerikanischer Staaten. Durch diesen sensiblen Balanceakt, bei dem geringste Unachtsamkeiten zum „Absturz", also zum wirtschaftlichen Kollaps der Länder führen können, wird die ungeheure Abhängigkeit der südamerikanischen Länder von der finanziellen Unterstützung der Kreditgeberländer angedeutet.

Ü 21 In gestapelten Diagrammen lassen sich die Anteile und deren Verhältnis zueinander besser ablesen. Besonders für das 100 %-gestapelte Diagramm trifft dies zu.

Ü 22 a) Sie eignen sich natürlich auch zur Darstellung absoluter Werte.

b) Sie verschlechtern die Ablesbarkeit.

c) Doch, denn die absoluten Teilwerte können in Beziehung zum Gesamtwert gesetzt werden.

d) Richtig.

Ü 23 Beliebig viele, vorausgesetzt, die einzelnen Sektoren könne noch abgelesen werden. Bei vielen kleinen Anteilen eignet sich dann die Explosionsdarstellung.

Ü 24 Sektor schwarz (45°): 12,5 %, Sektor weiß (60°): 16,7 %, Sektor grau: (255°): 70,8 %.

Ü 25

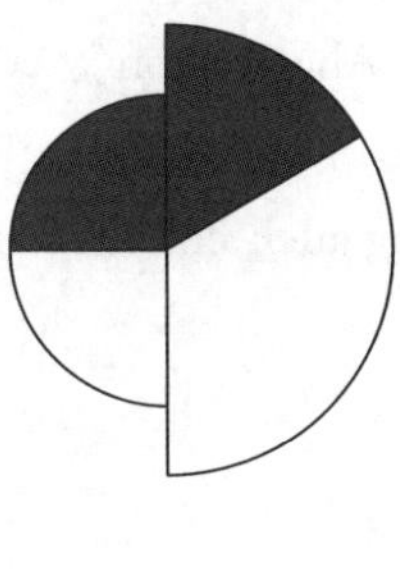

Ü 26 Balken- und Säulendiagramme (am besten 100 %-gestapelt), Kreissektorendiagramme, Dreiecksdiagramme (wenn drei Anteile gegeben sind), Flächendiagramme (am besten 100 %-gestapelt).

Ü 27 Die Teilflächen in Flächendiagrammen sind übereinander angeordnet. Deshalb muss jede Teilfläche zu einem bestimmten Zeitpunkt in ihrer Erstreckung (Höhe) ermittelt und anschließend von der Grundlinie aus abgemessen werden.

Ü 28 Jahr 1960: schwarzer Sektor 110; weißer Sektor 71; grauer Sektor 35.
Jahr 1995: schwarzer Sektor 180; weißer Sektor 15; grauer Sektor 25.

Ü 29 Säulen- bzw. Streifendiagramm.

Ü 30 Als geeignet erscheint das Liniendiagramm, da es sich (mit einer Ausnahme) um Werte in kontinuierlicher, zeitlicher Äquidistanz handelt. Vorsicht ist geboten im Zeitraum zwischen 1976 und 1979. Zwischen 1976 und 1979 darf keine Linie gezogen werden, denn dies würde ja einen kontinuierlichen Verlauf anzeigen, der in Wirklichkeit nicht gegeben sein muss.

Ü 31 Zunächst ist die Summe aller drei Beschäftigtenzahlen zu bilden. Diese Summe entspricht 100 Prozent. Danach sind die drei absoluten Angaben in jeweilige Prozentwerte umzurechnen, denn nur Prozentwerte können in einem Dreiecksdiagramm verwertet werden.

Ü 32 Beziehungen untereinander können, da sie ja immer auf 100 % bezogen werden, leichter erkannt werden.

Ü 33 Die Anfertigung eines solchen Diagramms kostet sehr viel Zeit und erfordert großes zeichnerisches Geschick. Die einzelnen Anteile müssen erst in Bogenlängen oder Teilwinkel umgerechnet werden.

Ü 34 Das Dreiecksdiagramm.

Ü 35 Das 100 %-Säulendiagramm ermöglicht das direkte Ablesen von %-Werten. Relationen werden dadurch viel schneller erfasst.

Ü 36 Dies ist nur dann sinnvoll, wenn die Darstellung auch einen zeitlichen Verlauf widerspiegelt.

BEISPIEL

Anteil von Stadt- und Landbevölkerung in einem Staat

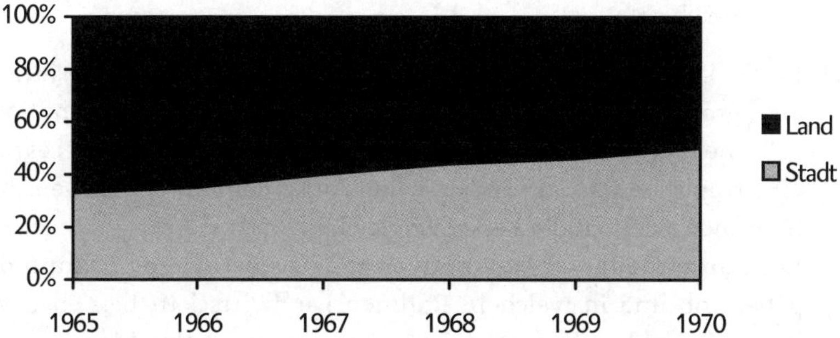

Ü 37 Die höchsten Temperaturwerte sind im Südsommer (also Nordwinter) zu verzeichnen.

Ü 38 Äußerst geringe Temperaturamplitude, da ganzjährig senkrechter bis relativ senkrechter Sonnenstand, keine Jahreszeiten, zusätzlich hervorgerufen durch temperaturausgleichende Wirkung der ständig starken Bewölkung.

Ü 39 Sommertrockenheit, feuchte Phasen im Winter (Winterregen) und evtl. in den Übergangsjahreszeiten.
Im Sommer befindet sich die Station im Bereich des subtropischen Hochdruckgürtels (absteigende, deshalb trockene Winde), in den Übergangsjahreszeiten und im Winter gerät diese Station in den Bereich der Westwindzone mit feuchten atlantischen Luftmassen.

Ü 40 Die tageszeitlichen Temperaturveränderungen sind prägnanter als die jahreszeitlichen. Typisches Merkmal innertropischer Stationen.

Ü 41 München, Station im Kongobecken.

Ü 42 Die Fläche, bei der die Niederschlagskurve oberhalb der Temperaturkurve verläuft, wird senkrecht liniert.

Ü 43 Die Fläche, bei der die Temperaturkurve über der Niederschlagskurve verläuft, wird gepunktet.

Ü 44 10 Grad Celsius entsprechen in der Skalierung 20 mm Niederschlag.

Ü 45 Aus dieser Angabe kann zumindest vorläufig geschlossen werden, ob es sich um eine Station in Küstennähe (z. B. 8 m ü. NN) oder um eine Gebirgsstation (z. B. 2564 m ü. NN) handelt. Eine Einordnung wird somit erleichtert.

Ü 46 Mit Hilfe der **Jahresdurchschnittstemperatur** lässt sich häufig schon eine grobe Einordnung in eine Großklimazone durchführen. So macht z. B. die Angabe 19 °C (und z. B. 30 m ü. NN) deutlich, dass es sich um eine tropische Station handeln kann. Außerdem lassen sich verschiedene Stationen miteinander besser vergleichen.
Die **Jahresniederschlagsmenge** kann beispielsweise Auskunft darüber geben, ob und in welchem Rahmen Landwirtschaft betrieben werden kann. Außerdem können z. B. Steigungsregeneffekte hiermit angezeigt werden.

Ü 47

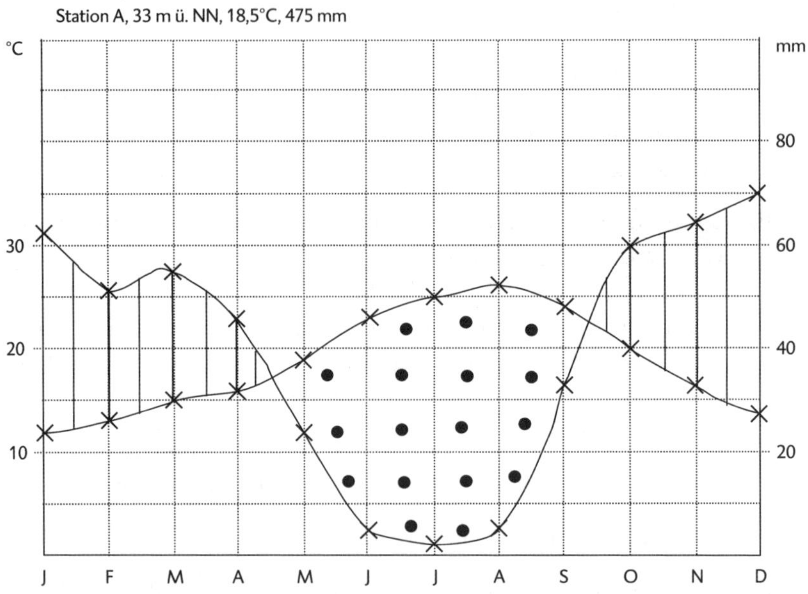

Ü 48 Das senkrecht am Monat Januar angelegte Lineal schneidet um 6.00 Uhr in etwa die 9 °C-Linie.

Ü 49 Etwa 13 °C (22 °C um 3.00 Uhr, 35 °C um 15.00 Uhr).

Ü 50 Ca. 17 °C (33 °C – 16 °C).

Ü 51 **1910:** Situation während der Hochphase der Industrialisierung; Pyramidenform, da sich das generative Verhalten noch nicht in Richtung Industriegesellschaft hin verändert hat. Höhere Geburtenraten und höhere Sterberaten führen einerseits zur Ausbildung einer breiten Basis, andererseits zur schnellen Verjüngung der Pyramide aufgrund des natürlichen Absterbevorgangs. Deutlich sichtbar ist die niedrigere Lebenserwartung (geringere Höhe der Pyramide). Im Vergleich zu 1983/2030.

1983: Die Form hat sich in Richtung einer Glocke verändert. Die Lebenserwartung ist gestiegen (größere Höhe der Form). Die unteren Jahrgänge (Neugeborene bis etwa 10-Jährige) sind zahlenmäßig deutlich schwächer ausgebildet. Dadurch ist bereits der Übergang zur Urnenform angedeutet. Das Diagramm zeigt deutliche Einschnürungen, welche z. T. auf die Einwirkungen der beiden Weltkriege zurückzuführen sind.

Prognose 2030: Die Form hat sich hin zur Urne (Pilz) verändert. Der Altersaufbau zeigt deutliche Merkmale einer postindustriellen Gesellschaft (geringe Geburtenziffer z. B. aufgrund moderner, städtischer Lebensweisen mit gemindertem Kinderwunsch, höheren Single-Haushaltsanteilen usw.).

Ü 52 Die Bevölkerungszahl „explodiert“ beginnend in Phase 2, wenn die Geburtenziffer konstant hoch bleibt, die Sterberate aber aufgrund von medizinischen und gesellschaftlichen Veränderungen drastisch sinkt. Der Begriff der „Bevölkerungsexplosion“ wird noch deutlicher unter Berücksichtigung der Tatsache, dass in jedem Jahr das „Mehr“ an Bevölkerung – eine Drittel bis eine halbe Generation weitergedacht – ein „Mehr“ an Nachfahren zeugt.

Ü 53 Zuwachsrate: 36 Promille – 14 Promille = 22 Promille. Bezogen auf 20 Millionen Einwohner bedeutet dies einen jährlichen Bevölkerungszuwachs von 440 000 Menschen.

Ü 54 Der **Bevölkerungsumsatz** ist in Phase 5 weitaus geringer.

Ü 55

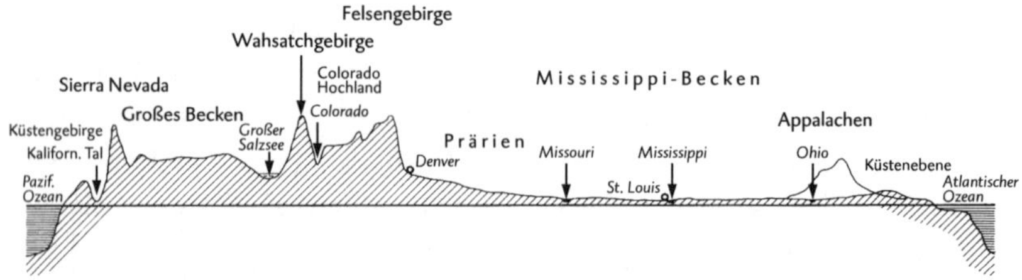

Lösung nach Harms: Handbuch der Geographie. Amerika, List Verlag, München 1970, S. 31

Ü 56 Im Schaubild, im Bereich des Agrarökosystems sind folgende Kreisläufe erkennbar:

- z. B. unterbrochener Kreislauf Abfall/organische Reste – Destruenten – Humus: die organischen Abfallprodukte (Pflanzenreste, tierische Ausscheidungen) werden durch die Gruppe der Destruenten (z. B. Bakterien) in mineralische Stoffe und durch die Bodenprozesse in Huminsäuren umgearbeitet (Endprodukt Humus).
- Kreislauf Pflanzen – organische Abfallstoffe – organischer Dünger – Pflanzen: die organischen Abfälle der Pflanzen dienen direkt als organischer Dünger der nächstfolgenden Pflanzengeneration.

Trainingsaufgaben auf Abiturniveau

A 1 Verwendbare Atlaskarten (z. B. in Diercke Weltatlas S. 124/125):

- *Erwerbsstruktur:* Anteile der Erwerbstätigen in den drei Wirtschaftssektoren gemessen an der Gesamtzahl der Erwerbstätigen (überdurchschnittliche Anteile im primären Sektor können Hinweise auf Strukturschwäche, überdurchschnittliche Anteile im tertiären Sektor auf Strukturstärke geben).
- *Arbeitslosigkeit:* Anteile gemessen an der Gesamtzahl der Erwerbstätigen, Rolle der Jugendarbeitslosigkeit (besonders eine hohe Jugendarbeitslosenquote ist häufig ein Indiz für Strukturschwäche).
- *Bevölkerungsentwicklung* (natürlich und räumlich/interregional, daraus ersichtlich Ab- bzw. Zuwanderungstendenzen infolge von Strukturschwächen bzw. -stärken).
- *Wirtschaftskraft,* z. B. Bruttoinlandsprodukt pro Person (Hinweise auf generelle Strukturschwäche bzw. -stärke der einzelnen Regionen)

Zwischen den genannten Karten besteht hinsichtlich des wirtschaftlichen Gefälles in Italien eine deutliche Deckungsgleichheit, welche nun verbalisiert werden kann.

A 2 North Carolina (159), Florida (184) und Virginia (124). Ein Vergleich ergibt, dass diese drei Staaten auch 1989 zahlenmäßig die Spitzenposition einnehmen.

A 3 Sie geben keinen Aufschluss darüber, denn unbekannt bleibt die Gesamtbeschäftigtenzahl aller Wirtschaftsbereiche in diesen Staaten. Sinnvoll wäre eine Ergänzung der Tabelle, die den Anteil (in %) der Beschäftigten in den Schlüsseltechnologie-Industrien gemessen an der Gesamtbeschäftigtenzahl darstellen würde.

A 4 Die Veränderungen in % machen deutlich, dass beispielsweise der Staat mit der größten positiven Veränderung (Georgia, +39,2 %) nicht zu der Gruppe der drei Staaten mit den höchsten Beschäftigtenzahlen zählt. Dennoch kann gesagt werden, dass der Bedeutungszuwachs in Georgia bezüglich der Schlüsseltechnologie-Industrien am größten ist. Grundsätzlich geben die Veränderungsangaben keinen eindeutigen Hinweis auf die tatsächliche Bedeutung dieser Industrien, sicherlich sagen sie aber etwas aus über deren Bedeutungszuwachs und beschreiben somit mögliche Veränderungstendenzen.

A 5 Besonders die Angaben über die Veränderung in % zwischen 1980 und 1989 können mit dem US-Durchschnitt verglichen werden. Somit stehen diese %-Angaben nicht einfach pro Staat im Raum, sondern deren Aussagekraft kann noch verstärkt werden angesichts der Tatsache, dass im US-Durchschnitt eine leichte Abnahme (–3,5%) bei den Schlüsseltechnologie-Industrien zu verzeichnen war.

A 6 Mögliche Gründe sind z. B.:

- Ansiedlung, Neugründung (bzw. Verlagerung) von Industriebetrieben des High-tech-Bereichs in die Sunbeltzone.
- Unter Berücksichtigung der Definition der Schlüsseltechnologie-Industrien (nämlich chemicals and allied products): Weiterverarbeitung von Grundstoffen aus der petrochemischen Industrie der relativ nahe gelegenen Golfküstenzone.
- Regionalstrukturelle Maßnahmen in verschiedenen Staaten, z. B. staatliche Förderung der wirtschaftlichen Entwicklung um den lange Zeit wirtschaftlich benachteiligten Südosten aufzuwerten.

A 7 Zu erwarten sind selbstverständlich nicht identische Zu- bzw. Abnahmeraten, denn einerseits werden hier ja lediglich zwei Industriebereiche berücksichtigt, andererseits ist keineswegs davon auszugehen, dass die aus den traditionellen Industrien freigewordenen Arbeitskräfte in die Schlüsseltechnologie-Industrien überwechseln. Für eine weitere Analyse wären zudem eventuelle Zu- bzw. Abwanderungsraten, also regionale Veränderungen in der Bevölkerungszahl des Staates erforderlich.

A 8 Außer für Florida lässt sich für alle anderen Staaten folgendes aussagen: Die Staaten mit Zuwachsraten im Schlüsseltechnologiebereich verzeichnen gleichzeitig eine Abnahme im Bereich der traditionellen Industrien. Doch Vorsicht: hohe Zunahmen im einen bedingen nicht notwendigerweise hohe Abnahmen im anderen Bereich.

A 9 Florida zeigt einen mäßigen Zuwachs (+10,1 %) bei den Schlüsseltechnologie-Industrien, gleichzeitig einen mäßigen Zuwachs im Bereich der traditionellen Industrien. Unter Berücksichtigung der Tatsache, dass Florida in den letzten Jahrzehnten ein bevorzugter Altersruhesitz mit starken Zuwanderungsraten ist und unter Berücksichtigung der Definition der traditionellen Industrien (z. B. textile mill products, textile products, furnitureand fixtures, etc.) könnte eine der Ursachen in einer erhöhten Nachfrage an Konsumgütern liegen, die ja zu einem gewissen Teil im Bereich der traditionellen Industrien hergestellt werden.

Außerdem werden im Bereich der traditionellen Industrien vergleichsweise geringe Löhne gezahlt, welche in erster Linie von Einwanderern aus den hispano-amerikanischen Ländern erwirtschaftet werden (Produktionskostenvorteil!).

A 10 Als wesentliche Ursachen sind genannt:

- Politische Instabilität (1).
- Rückständige, vorwiegend unterentwickelte Infrastruktur (2).
- Relativ periphere räumliche (innerhalb Europas) und politische Lage (3).
- Republik Irland als Absatzmarkt nicht erschlossen (4).
- Abschrecken ausländischer Investoren (5) und Touristen (6) durch politisch motivierte Gewaltakte, dadurch Fehlen von echten Investitionsanreizen.

A 11 **Hauptmerkmale:**

- Abgesonderte Zone (7) mit besonderen Investitionsanreizen (z. B. günstige Besteuerung, günstiger Grunderwerb, günstige Mietkonditionen, etc.).
- Zollfreiheit.
- Komplett vorgeplante Infrastruktur.

Erhoffte wirtschaftliche Impulse:

Die Sonderwirtschaftszone soll:

- Ausländische Investoren und ausländisches Kapital anlocken (8).
- Vertrauensbildend für das Land/die Region wirken.
- Marktbeziehungen herstellen.
- Der Belebung der einheimischen Industrie (durch *spread effects* von dieser Keimzelle aus) dienen.
- Die Übertragung von know-how auf die einheimische Wirtschaft zur Folge haben.
- Einen positiven Beschäftigungseffekt bewirken.

A 12 Das Problem der Raumenge Japans resultiert aus dem Zusammenwirken der folgenden Faktoren:

Ein Großteil der japanischen Inseln weist steiles, gebirgiges Relief auf. Für eine intensive wirtschaftliche Nutzung mit landwirtschaftlichen Flächen, Verkehrs-, Siedlungs- und Industrieflächen verbleiben in erster Linie nur die schmalen Küstenstreifen und Beckenlagen. Diese Tatsache führt zu einer starken Verdichtung von Nutzflächen an der Küste. Das Problem der Raumenge entsteht eigentlich aber erst durch Hinzunahme des Faktors Bevölkerung. Denn erst der Bevölkerungsdruck einer gegebenen Bevölkerungszahl ergibt unter Berücksichtigung der verschiedenen Nutzungskonflikte (Landwirtschaft, Industrie, Verkehr usw.) das eigentliche Problem der Raumenge.

In der Aufnahme werden Raumengeprobleme indirekt sichtbar an einer äußerst kleinräumigen und dichten Bebauung im Küstenstreifen um Yokohama (rechte Bildseite, Vorder- und Hintergrund). Aus Platzmangel wurden die Hafenanlagen auf aufgeschütteten Bereichen der Neulandgewinnung vor der eigentlichen Küste errichtet (Bildvordergrund links und Bildhintergrund). Die einzelnen Aufschüttungsflächen wurden zudem verkehrstechnisch durch Verbindungsstraßen über Brückenkonstruktionen erschlossen (Bildhintergrund links, Bildvordergrund mittig). Dem Problem der Raumenge wird zusätzlich auch durch die dichte Hochhausbebauung (Verlagerung in die Vertikale) begegnet.

A 13 In einem (afrikanischen) Dorf mit Rundhütten aus Lehm und Stroh wurde ein überdimensioniertes Gebäude errichtet, das an einen modernen Büroturm erinnert. Es besitzt eine Fassade aus Stahl und Glas und einen monumentalen Eingang. Das Hochhaus lehnt sich zwar vom Stil her an die Hütten an (es ist ebenfalls ein strohgedeckter Rundbau), doch passt es in seinen Dimensionen eher in eine westliche Großstadt als in den Busch.

A 14 In dieser Karikatur wird die Problematik falscher, nämlich unangepasster, prestigebezogener Entwicklungshilfe aufgearbeitet. Die Überdimensionierung des Gebäudes deutet möglicherweise auf den Prestige-Charakter der Entwicklungshilfe in den Anfangsjahrzehnten hin. Damals wurden Großprojekte (z. B. Großstaudämme, Verkehrsflughäfen u. ä.) unter erheblichem finanziellen Aufwand durchgeführt, die jedoch in den seltensten Fällen den tatsächlichen Bedürfnissen der Bevölkerung gerecht wurden.

Weitere Einzelheiten, so z. B. die westlichen urbanen Baumaterialien, die überzogene Höhe, die (wohl) deutsche Flagge und die aufgestellten Pflanztöpfe zeugen von geringem Einfühlungsvermögen und erheben somit den Zeigefinger gegen eine an den tatsächlichen Notwendigkeiten vorbeigeleitete Art der Entwicklungshilfe.

A 15 Landwirtschaft: 22 %
Industrie: 27 %
Dienstleistungen: 51 %

A 16 **Gruppe A:** Staaten mit äußerst geringem (3–58 %) Anteil der Erwerbstätigen in der Landwirtschaft, etwa 1/3-Anteil der Beschäftigten in der Industrie und ausgesprochen hohem Anteil bei den Dienstleistungen (ca. 60–70 %): Schweiz und Deutschland.

Gruppe B: Staaten mit hohem Anteil der Beschäftigten im landwirtschaftlichen Sektor (zwischen 12 und 20 %), etwa 1/3-Anteil in der Industrie und mäßig hohem Anteil bei den Dienstleistungen (50–55 %): Griechenland und Portugal.

Gruppe C: Staat (Rumänien) mit äußerst hohem Anteil im Bereich der Landwirtschaft (ca. 38 %) und deutlich geringerem Anteil bei den Dienstleistungen.

A 17 **Gruppe A:** Hochentwickelte Staaten mit sehr hohem Anteil im tertiären Bereich („Dienstleistungsgesellschaften"), äußerst geringem Anteil in der Landwirtschaft (hoher Intensivierungsgrad, hoher Spezialisierungsgrad, hohe Flächenproduktivität).

Gruppe B: peripher (räumlich und wirtschaftlich) gelegene Staaten Europas, die noch deutlich durch einen relativ hohen Anteil in der Landwirtschaft gekennzeichnet sind (agrare Prägung).

Gruppe C: Staat, der lange Zeit (Nachwirkungen) noch unter den politischen Einflüssen des Ostblocks stand. Dort waren (staatliche) landwirtschaftliche Großbetriebe mit hohem Arbeitskräftebesatz typisch (siehe noch andauernder hoher Anteil).

A 18 Z. B.:

- Anteil der drei Wirtschaftssektoren an der Erwirtschaftung des Bruttosozialprodukts.
- Durchschnittliche Veränderung des Bruttosozialprodukts über einen mehrjährigen Messzeitraum hinweg.
- Terms of trade.
- Anteile der verschiedenen Wirtschaftsbereiche an Ex- und Import.

A 19 Die Zahl der jährlichen Übernachtungen ist abzulesen an der Kreisgrößenmaßstabsleiste: ca. 2,9 Mio. Übernachtungen.
Gesamtbettenkapazität: ca. 16.000.

Anteil der Bettenkapazität der Feriendörfer in Djerba: Bezugsfläche ist die Halbkreisfläche links (Vorsicht: der Halbkreis entspricht 100 %, also 1,8 Grad entsprechen 1 %. Der Kreissektor für Feriendörfer misst in etwa 33 Grad. 33 dividiert durch 1,8 ergibt den Prozentwert, also 18,3 %.

A 20 Übernachtungen: ca. 3,9 Mio.; Bettenkapazität: ca. 21.000. Übernachtungen dividiert durch Bettenkapazität ergibt eine durchschnittliche Übernachtungszahl pro Bett von ca. 186 (was zugleich bedeutet, dass ein Bett im Durchschnitt etwa ein halbes Jahr voll belegt ist).

A 21 Deutlich sichtbar wird ein Übernachtungsmaximum bei den Küstenferienorten in den Sommermonaten (besonders ausgeprägt in Nabeul-Hammamet). Sekundäre Maxima sind im März zu verzeichnen (Ferientourismus aus Europa). Übernachtungen erfolgen ganzjährig, allerdings mit geringen Werten (3–5 % aller Übernachtungen) in den Wintermonaten. Der Ort Tozeur im Landesinneren unterscheidet sich von allen anderen Orten durch mäßige Maxima (kein Badeort) in den Übergangsjahreszeiten (im Sommer wegen geographischer Lage zu heiß).

A 22, 23, 25

Entwicklung des Bruttosozialproduktes (unterschieden nach der Herkunft aus den Wirtschaftssektoren) im Sudan in den Jahren 1968, 1987 und 1991

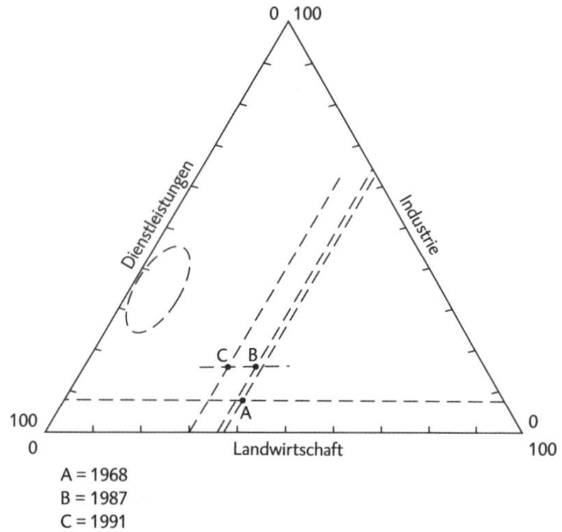

A 24 Der BSP-Anteil aus der Landwirtschaft hat von 1968 bis 1991 um knapp ein Fünftel abgenommen. Dennoch blieb dieser Anteil mit etwa einem Drittel gemessen am Gesamt-BSP noch relativ hoch.

Der 1968 geringe BSP-Anteil aus der Industrie (8 %) erfuhr bis 1991 beinahe eine Verdoppelung. Insgesamt betrachtet bleibt er jedoch mit nur 15% gering.

Der 1968 ohnehin hohe BSP-Anteil aus den Dienstleistungen lag abgesehen von einem geringen Rückgang im Messjahr 1987 nahezu gleich.

Wirtschaftsstruktur und Wirtschaftsleistung im Sudan werden auch heute noch geprägt durch eine starke agrarische Ausrichtung. Dies wird zum Teil erklärbar aus der Tatsache, dass es im Sudan kaum nennenswerte industrielle Entwicklungsimpulse im Messzeitraum gegeben hat (siehe Entwicklung der BSP-Anteile).

Die starken Anteile im Dienstleistungssektor sind möglicherweise Folge einer starken handwerklichen Tätigkeit in der Hauptstadt (Metropolisierungseffekt!).

A 26 Grundsätzlich deutliche Abnahme der Baumwollanbaufläche von 1930 (ca. 17,5 Mio. ha) bis 1992 (ca. 4,5 Mio. ha). Größere Schwankungen zwischen 1930 und 1952, danach relativ stetiges Absinken bis 1992.

Stetiges Ansteigen der ha-Erträge von 1930 (ca. 160 kg/ha) bis 1992 (ca. 780 kg/ha). Die Durchschnittserträge wurden also im Messzeitraum in etwa verfünffacht (Intensivierungsmaßnahmen, Verlagerung in den Westen auf Bewässerungsfläche). Starke Zunahme zwischen 1950 bis 1965, stagnierender Verlauf bis etwa 1980, anschließend mäßiges Ansteigen bis 1992.

A 27 Aufgrund von äußerst effektiven Intensivierungsmaßnahmen im Baumwollanbau konnte die Ertragslage trotz Abnahme der Gesamtanbaufläche (auf etwa ein Viertel der ursprünglichen!) in etwa verfünffacht (!) werden.

Mögliche Gründe für diese scheinbar paradoxe Entwicklung sind:

- Auflösung des ehemaligen Cotton Belts im Südosten der USA.
- Nach der Beendigung des Amerikanischen Bürgerkrieges Auflösung der großen Besitzeinheiten (Plantagen). Entstehung relativ kleiner, unwirtschaftlicher Einheiten in der Nachfolgezeit bis etwa 1930. Zu geringes Kapital und Know How der dortigen Landwirte führten teilweise zu Bodendegradierung und geringen Ernteerfolgen.
- Stetiges Abwandern von Arbeitskräften aus dem Südosten in den aufblühenden Manufacturing Belt im Norden und Mittelnorden.

- Gleichzeitig Verlagerung der Baumwollanbaufläche nach Westen auf bewässertes Gebiet unter gleichzeitiger Einführung hocheffektiver Intensivierungsmaßnahmen.
- Konkurrenzdruck durch andere Materialien (z. B. Kunstfaser), die zu höheren ha-Erträgen und damit zu weiteren Intensivierungsmaßnahmen zwangen.

A 28
- Der Baumwollanbau, 1964 noch mit 10 % der Fläche vertreten, konnte diesen Wert nur bis 1966 halten und nahm danach kontinuierlich ab, bis er 1970 völlig verschwunden war.
- Der Maisanbau nahm 1964 ebenfalls 10 % der Fläche ein, hielt diesen Wert bis ca. 1967 und hatte danach einen abnehmenden Anteil an der Anbaufläche. Ab 1970 wurde der Maisanbau ebenfalls eingestellt.
- Der Sonnenblumenanbau war 1964 noch unbedeutend in Sevilla (ca. 2 % der Fläche). Er begann 1966 einen größeren Anteil an der Anbaufläche einzunehmen und stieg bis 1971 rasant an. Er nahm bis zum Ende des Messzeitraums wieder leicht ab.

A 29 In so einem (nicht möglichen Fall) würden alle Farmen über denselben Anteil am Verkaufserlös verfügen (jede einzelne Farm würde also genauso viel Erlös erzielen wie alle anderen Vergleichsfarmen).

A 30 Die beiden Kurven sagen allgemein aus, dass ein geringer Anteil der Farmen den weitaus überwiegenden Teil am Gesamtverkaufserlös erzielt. Dieses Faktum spricht für eine hochspezialisierte und hochintensivierte Arbeitsweise weniger Betriebe, die durch diesen Spezialisierungs- und Intensivierungsgrad allerdings den Löwenanteil am Verkaufserlös erwirken. Deutlich wird der agroindustrielle Charakter der nordamerikanischen landwirtschaftlichen Großbetriebe.
Kalifornien nimmt hierbei eine im Vergleich zum Landesdurchschnitt noch prägnantere Rolle ein.

A 31 Bei der Anfertigung dieses Diagramms ist darauf zu achten, dass die Skalierung der beiden y-Achsen sinnvoll gewählt wird. Suchen Sie hierzu die beiden Extremwerte (hier 36 und 210), runden Sie diese auf (hier 40 und 250). Die obersten Skalenstriche sollten nun diese beiden Werte erhalten. Messen Sie nun die Höhe der Skalen zwischen Null-Linie und obersten Skalenstrichen und teilen Sie die beiden Skalen jeweils getrennt ein. Im vorliegenden Fall sind die beiden Äquidistanzen der Skalen unterschiedlich. Man kann auch versuchen, eine Äquidistanz für beide Skalen zu verwenden.

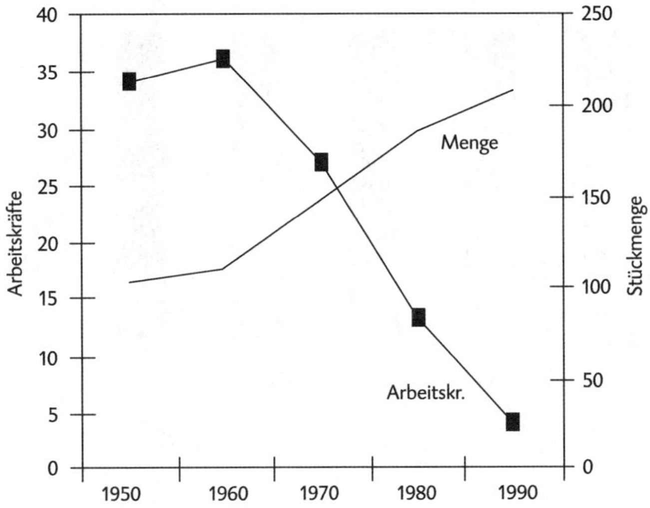

A 32 Die Zahl der Arbeitskräfte hat von 1950 bis 1960 geringfügig zugenommen, dann jedoch bis 1990 deutlich und stetig abgenommen (von 37 auf 4).

Das Produktionsvolumen ist zwischen 1950 und 1960 geringfügig, dann aber bis 1990 deutlich gestiegen.

Begründung: Von 1960 an hat der Betrieb wohl einen Mechanisierungs- und Automatisierungsprozess durchlaufen, infolge dessen bei stetig steigender Produktionsmenge eine Erhöhung der allgemeinen Produktivität stattgefunden hat. Ein kleiner Teil der ursprünglichen Arbeitskräfte produziert so heute eine wesentlich höhere Produktmenge.

A 33

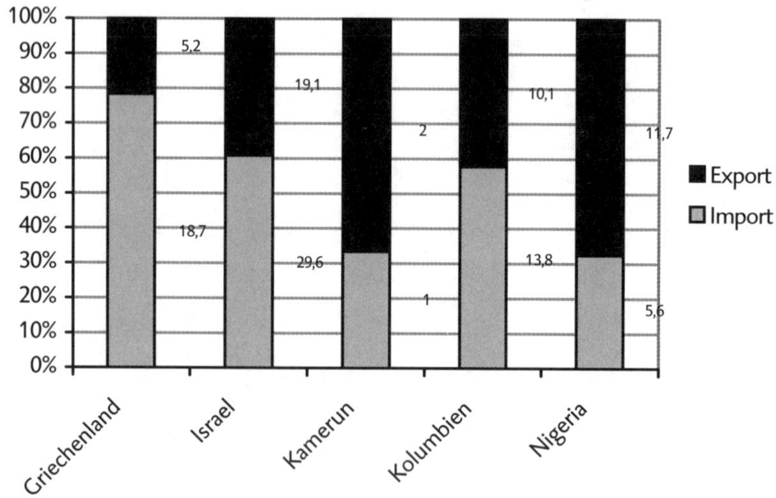

A 34 **Station A** (Atlanta/Georgia) steht für den Klimatyp im Osten/ Südosten der USA. Der relativ hohe Jahresniederschlag (1224 mm), aber auch die relativ gleichmäßige Verteilung dieser Niederschläge über das Jahr hinweg (Einflüsse feuchtwarmer atlantischer Luftmassen und Luftmassen aus dem Golfbereich), die relativ hohe Jahresdurchschnittstemperatur (16 °C) und die sehr hohen Sommerwerte (25 °C) und milden Winterwerte (6 °C) lassen die Station im immerfeuchten, warmgemäßigten bis subtropischen Klimabereich des Südostens vermuten.

Station B (Oklahoma City) zeigt die typischen Merkmale einer Station im Mittleren Westen der USA. Hierfür sprechen der mäßig hohe Jahresniederschlag (791 mm), der zudem ein deutliches Frühjahresmaximum zeigt (vergleiche hierzu Atlas!). Die Jahrestemperaturamplitude (25 °C) deutet auf eine Lage im inneren Bereich der USA hin.

Station C (San Francisco) zeigt die typischen Merkmale eines Winterregengebietes (Niederschlagsmaxima im Winter/Übergangsjahreszeiten). Der Atlas zeigt, dass dieser Klimatyp auf Bereiche der Westküste der USA beschränkt ist. Die geringe Jahrestemperaturamplitude (6 °C) deutet auf eine Küstenlage hin (hier Einfluss der pazifischen Luftmassen).

A 35 Es handelt sich um eine Station der inneren Tropen. Die Thermoisoplethen verlaufen weitgehend horizontal. Dies bedeutet, dass es kaum zu stärkeren Schwankungen im Jahresverlauf kommt. Es treten also keine Jahreszeiten in Erscheinung. Dies ist ein typisches Kennzeichen des

Äquatorialklimas, bei welchem sich, bedingt durch die ganzjährig hohe Wärmemengeneinbringung, die hohe Luftfeuchtigkeit und die ständig starke Bewölkung kaum große Temperaturschwankungen im Jahresgang ergeben. Der Tagesverlauf der Temperaturen zeigt ein für die inneren Tropen typisches Tageszeitenklima (Tagestemperaturamplitude im August z. B. 30 °C – 23 °C = 7 °C). Im Vergleich dazu beträgt die Jahrestemperaturamplitude um 13.00 Uhr (30,8 °C – 28,7 °C) nur etwa 2 °C.

A 36 Die Thermoisoplethen würden größtenteils vertikal verlaufen. Die Jahresamplituden wären deutlich ausgeprägt (durchaus bis zu 30 Celsiusgrade), da ja durch die fehlende Besonnung während der Polarnacht stärkere Temperaturunterschiede (jahreszeitlich) gegeben wären. Auffällige tageszeitliche Unterschiede fehlen.

A 37 **A:** Gefallene (männlich) des 2. Weltkrieges. Auf der „weiblichen" Seite ergibt sich ein deutlicher Überschuss (Kriegswitwenüberschuss). Die Gruppe der Gefallenen umfasst im wesentlichen die 1986 potenziell 60–90-Jährigen. Die potenziell 60-Jährigen waren bei Kriegsbeginn 1939 (also minus 47 Jahre) 13 Jahre alt. Dieses junge Alter mag verwundern. Hierzu zählen aber auch die gerade in den letzten Kriegsjahren eingezogenen Jugendlichen (z. B. für Flugabwehrtätigkeiten). Die 1986 potenziell 90-Jährigen waren bei Kriegsbeginn 1939 43 Jahre alt. Hierbei handelt es sich um die durchschnittliche obere Altersgruppe, die noch zum Kriegsdienst eingezogen wurde.

B: Geburtenausfall bedingt durch den ersten Weltkrieg (1914–1918). Beispielrechnung: Von 1986 auf das mittlere Kriegsjahr 1916 zurückgerechnet, ergibt sich eine Differenz von 70 Jahren. Der Kernbereich des Defizits liegt 1986 genau in der Altersgruppe der potenziell 70-Jährigen.

C: Geburtenausfall während der Wirtschaftskrise um 1932.

D: Geburtenausfall Ende des 2. Weltkrieges.

A 38 Z. B.

- Durch das Hinbewegen zur Urnenform ergibt sich die Tendenz, dass jeder nachfolgende Neugeborenen-Jahrgang zahlenmäßig geringer ist als der vorangegangene. In der Rentenversicherung droht eine mittel- und langfristige Unterversorgung (immer weniger Menschen werden immer weniger Abgaben in den Rententopf zahlen können bzw. müssen stark erhöhte Rentenbeiträge in Kauf nehmen).
- Die Gesellschaft könnte sich hin zu einer „Gesellschaft der Alten" entwickeln. Dies wiederum hätte unter Umständen einen gesamtwirtschaftlich geringeren Kaufkraftumsatz (Tendenz zum Ansparen bei den Älteren) zur Folge.
- Im Sozialbereich entstehen zusätzliche enorme Kosten, z. B. für die Unterbringung älterer Mitmenschen in Alters- und Pflegeheimen.
- Die Gesamtbevölkerung könnte dauerhaft sinken. Der Anteil der arbeitenden Altersgruppen reduziert sich dabei. Die notwendigen gesamtwirtschaftlichen Leistungen wie auch das Steueraufkommen könnte mittelfristig gefährdet werden, was letztendlich zu einem reduzierten Finanzierungsvolumen auf dem Gebiet der infrastrukturellen Ausgaben führen könnte.

A 39 Im Schaubild lassen sich grundlegende Tendenzen feststellen, die zumindest den ersten drei Phasen des demographischen Übergangs in etwa entsprechen. Hierbei zeigt sich allerdings bereits eine starke Schwankungsbreite der Geburten- und Sterberate in Phase 1. Phase 2 zeichnet sich darüber hinaus nicht durch ein modellhaftes Gleichbleiben der Geburtenrate aus. Vielmehr sinkt die Geburtenrate tendenziell, unterliegt dabei aber großen Schwankungen. Indien befindet sich zu Beginn der 80er Jahre in Phase 3.

A 40 Eine empirische Verallgemeinerung der Phasen des demographischen Übergangs – das Modell wurde schließlich aus der industriellen Entwicklung westlich orientierter Industrieländer seit dem letzten Jahrhundert entwickelt – und damit ein Übertragen auf die Belange der Entwicklungsländer ist aufgrund des Modellcharakters und zudem völlig anders gearteter Ausgangsbedingungen nicht möglich. Das Modell setzt voraus, dass es auch in den Entwicklungsländern tatsächlich zu industrieller Entwicklung kommt. Heute wichtige Belange wie etwa die weitgehende Bestimmung der Rohstoffexportpreise durch die Industrieländer (eines der Hemmnisse für einen wirtschaftlichen Schub auf Seiten der Entwicklungsländer) und vieles andere mehr werden nicht berücksichtigt.

A 41 Niederschlagsprofil durch die USA auf Höhe des 40. Breitengrades

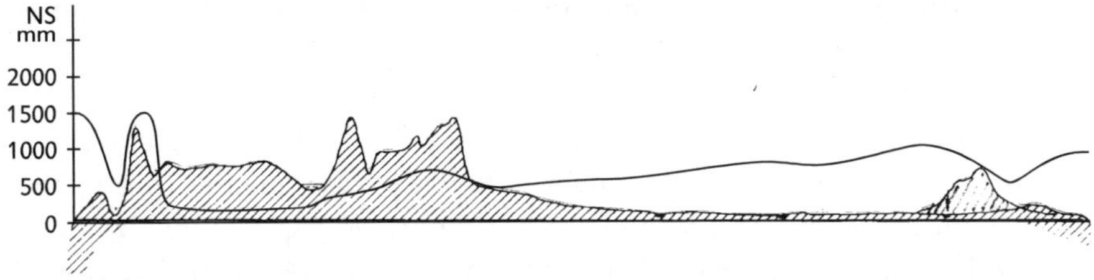

A 42 Die Niederschlagsmengen nehmen von Osten (ca. 770 mm) nach Westen (ca. 300 mm) deutlich und stetig ab. Im Gegenlauf hierzu nimmt die potenzielle Verdunstung (die aufgrund der Temperaturverhältnisse rechnerisch mögliche) nach Westen hin zu (von ca. 500 mm stetig steigend). Dort, wo die potenzielle Verdunstung der Jahresniederschlagsmenge entspricht (Schnittpunkt der beiden Geraden bei etwa 600 mm), befindet sich rechnerisch die klimatische Trockengrenze. Genau diese Grenze teilt eine westliche Zone der gemischten Prärie von einer östlichen Zone der Langgras-Prärie.

Dort, wo die Verdunstungswerte etwa der Graphik entsprechend etwa 800 mm, die Niederschlagswerte etwa 500 mm erreichen, schließt sich nach Westen die Zone der Kurzgrassteppe an.

Der Pflanzenwuchs passt sich an diese Differenzierung der Niederschlags- und Verdunstungswerte an. Von Osten nach Westen nimmt mit zunehmender Verdunstung und abnehmenden Niederschlägen die Wuchshöhe deutlich ab.

A 43 Die Pfeile von potenzieller Verdunstung und Niederschlag sind als Geraden gezogen und vermitteln den Eindruck einer kontinuierlichen Veränderung (Skizzencharakter). Der Pfeil der potenziellen Verdunstung endet auf 2/3 der Ost-West-Strecke und gibt keinen, und sei es auch nur schematischen, Aufschluss über die Verhältnisse im Westen.

Interessant wäre der Verlauf der Kurve der Jahesdurchschnittstemperaturen gewesen.

Das Absenken der Linie, die die Vegetationssymbole (Grasbüschel) zeigt, kann irreführend wirken. Erst die Höhenangaben (300 m und 1500 m ü. NN) korrigieren dieses Bild.

Die Darstellung der Kalkausscheidungen wäre durch eine Ergänzung mit kurzem erläuterndem Text sinnvoll gewesen.

A 44 Die politisch bedingte Vorgabe des Systems der zentralen Planwirtschaft (Feld *Sozialstruktur*) führt einerseits zur Erstellung von bestimmten Vorbedingungen (z. B. Plansollbestimmungen, Feld *Werte/Normen*), andererseits zur Übermittlung bestimmter Wissenselemente, die mit dem politischen System verknüpft werden (Feld *Wissen/Können*). Die an den politischen Entscheidungen beteiligten Gremien (Plangruppen, -kommissionen, Feld *Menschen/Ziele/Entscheidungen*) führen zur Entwicklung systemspezifischer Produktionsweisen (Feld *Produktionsverfahren/Produktionsintensität*) wie etwa der Erstellung von Mehrjahresplänen, der Entwicklung von Produktionsweisen in Sowchosen/Kolchosen/landwirtschaftlichen Produktionsgenossenschaften/etc.

Diese Produktionsweisen (z. B. großflächiger Anbau monokultureller Prägung) bestimmte den spezifischen Einsatz der *Produktionsmittel.* Der Einsatz von *Arbeit, Maschinen, Energie, Futtermittel, Pflanzenschutzmittel und Dünger* erfolgt gezielt entsprechend der wirtschaftlichen Nutzungsweise (Planwirtschaft). Die direkten Folgen für das Ökosystem sind u. U. Auslaugung des Bodens durch langjährigen, flächendeckenden, monostrukturellen Anbau unter hohem Einsatz von Düngegaben und Schutzmitteln.

A 45

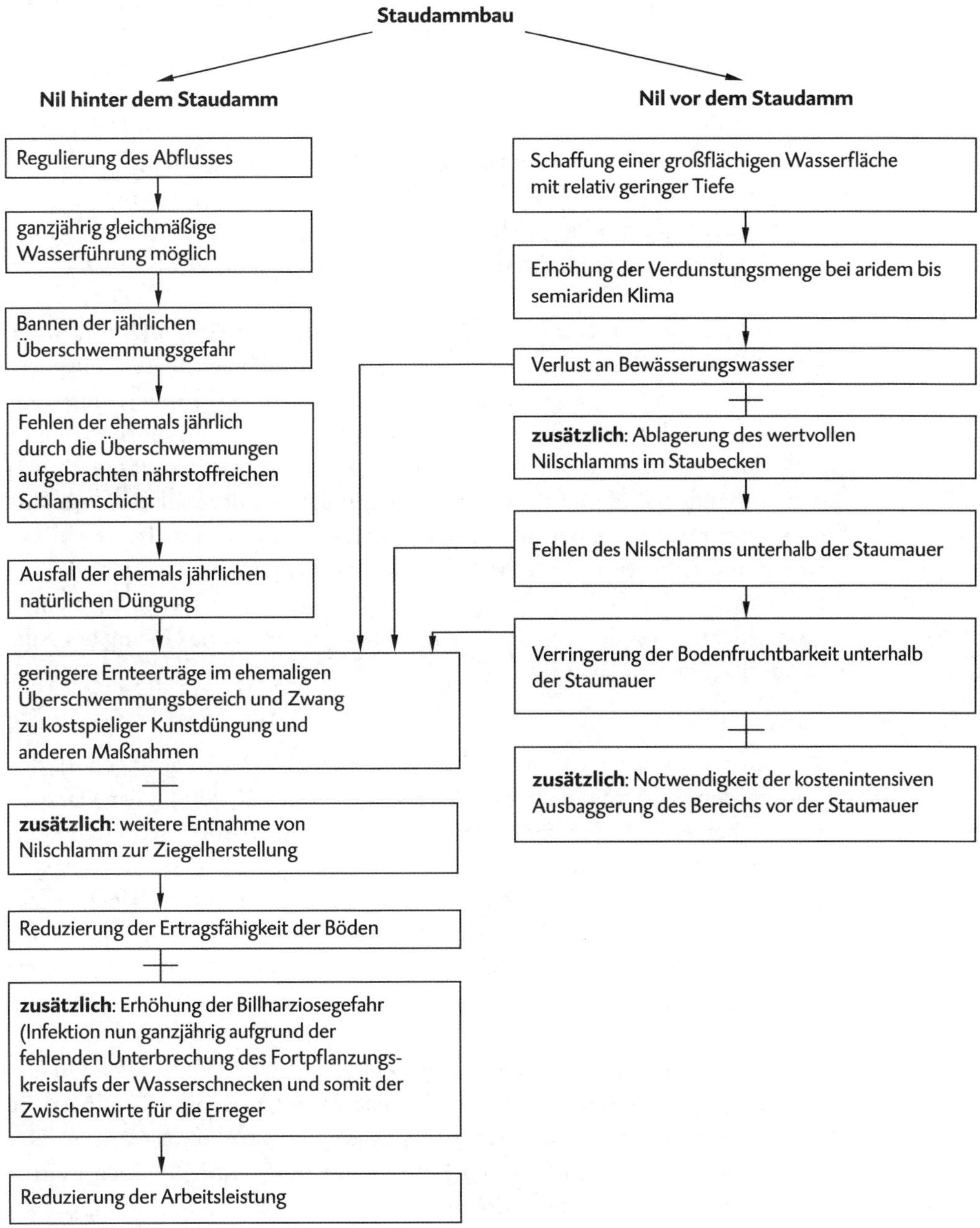
Staudammbau
Nil hinter dem Staudamm
Regulierung des Abflusses
ganzjährig gleichmäßige Wasserführung möglich
Bannen der jährlichen Überschwemmungsgefahr
Fehlen der ehemals jährlich durch die Überschwemmungen aufgebrachten nährstoffreichen Schlammschicht
Ausfall der ehemals jährlichen natürlichen Düngung
geringere Ernteerträge im ehemaligen Überschwemmungsbereich und Zwang zu kostspieliger Kunstdüngung und anderen Maßnahmen
zusätzlich: weitere Entnahme von Nilschlamm zur Ziegelherstellung
Reduzierung der Ertragsfähigkeit der Böden
zusätzlich: Erhöhung der Billharziosegefahr (Infektion nun ganzjährig aufgrund der fehlenden Unterbrechung des Fortpflanzungskreislaufs der Wasserschnecken und somit der Zwischenwirte für die Erreger
Reduzierung der Arbeitsleistung
Nil vor dem Staudamm
Schaffung einer großflächigen Wasserfläche mit relativ geringer Tiefe
Erhöhung der Verdunstungsmenge bei aridem bis semiariden Klima
Verlust an Bewässerungswasser
zusätzlich: Ablagerung des wertvollen Nilschlamms im Staubecken
Fehlen des Nilschlamms unterhalb der Staumauer
Verringerung der Bodenfruchtbarkeit unterhalb der Staumauer
zusätzlich: Notwendigkeit der kostenintensiven Ausbaggerung des Bereichs vor der Staumauer

Trainingsaufgaben

Trainingsaufgabe 1

Lösungshilfe

Machen Sie sich zunächst damit vertraut, welche **Inhalte** die Graphik aufweist:

- Anteile der Farmen (in %)
- Anteile der Agrarproduktion (in %)
- Größenklassen (nach Markterlösen pro Betrieb und Jahr) in US Dollar.

Wenn Sie nun in einem zweiten Schritt die **Form** der Graphik betrachten, werden Sie feststellen, dass diese – sowie auch die Überschrift („Entwicklung"!) irreführend ist. Normalerweise werden Liniendiagramme ja angewendet, um Entwicklungen darzustellen. Hier handelt es sich aber nicht um eine Entwicklung im eigentlichen Sinne, nämlich, dass über mehrere Jahre hinweg Daten vorhanden sind und miteinander verbunden werden, sondern um eine **Prognose für nur *einen* bestimmten Zeitpunkt in der Zukunft**.

Man muss also bei der Interpretation dieses Diagramms erkennen, dass es sich hierbei nur darum handelt, dass drei Größen in ihrem Bezug zueinander dargestellt werden sollen. Wenn man dies erkannt hat, ist die Lösung der Aufgabe im folgenden einfacher:

Lösung

- Prozentual werden auch im Jahr 2000 die Farmen mit den geringen Markterlösen den Hauptanteil ausmachen (Farmen unter 20 000 Dollar Markterlös machen etwa 52 % aller Farmen aus). Dies betrifft aber nicht deren Beitrag zur Agrarproduktion.
- Die Agrarproduktion wird im wesentlichen von Großbetrieben geleistet werden, selbst mittelgroße Betriebe werden dieser Prognose zufolge keine große Rolle spielen. Betriebe ab einem Markterlös von 200 000 Dollar bis über 500 000 Dollar und mehr erwirtschaften zwischen 10 % und 80 %der Agrarproduktion.
- Es wird also im Jahr 2000 einen ausgeprägten betriebsstrukturellen Dualismus im amerikanischen Agrarsektor geben. Einige wenige Großbetriebe produzieren bis zu 80 % der Agrarproduktion und sind somit marktbeherrschend, währen der Großteil der Betriebe nur noch einen kleinen Beitrag hinsichtlich der Agrarproduktion liefert.

- Interessant erscheint der Verlauf der beiden Graphen im Größenklassenbereich zwischen 100 000 und 200 000 Dollar (fast gleichläufig). Dies bedeutet, dass in etwa der gleiche Anteil der Farmen den in etwa gleichen Anteil der Agrarproduktion erwirtschaftet.
- Aus den grundsätzlichen Tendenzen der beiden Graphen werden die prognostizierten Folgen einer auf Agrobusiness, also industrialisierten Agrarproduktion ausgerichteten Wirtschaftsweise erkennbar. Diese Entwicklung (bis zum Prognosejahr 2000) verdeutlicht zudem die seit geraumer Zeit erkennbaren Tendenzen der Aufgabe kleiner und mittelgroßer Agrarbetriebe, besonders im Mittleren Westen, und deren Übernahme durch größere Betriebe.

Trainingsaufgabe 2

Lösungshilfe

Hier sind drei Parameter dargestellt (Arbeitslosenquote in %; Bruttoinlandsprodukt je Einwohner; Anteil am Bruttoinlandsprodukt). Die Darstellung dieser Parameter erscheint aber zunächst fremdartig.

Die Arbeitslosenquote wird an der y-Achse abgelesen, das Bruttoinlandsprodukt an der x-Achse. Der Anteil des BIP wird durch die jeweilige Kreisgröße dargestellt.

Durch das eingefügte „Fadenkreuz" ist eine raschere Orientierung möglich, denn es bildet den Durchschnitt des UK (Vereinigten Königreiches) ab.

Lösung

- Die Hauptanzahl der Regionen (Regionen 1, 2, 7, 9, 10, 11) liegt in Bezug auf die Arbeitslosenquote (in negativer Weise) über dem UK-Durchschnitt. Bezüglich der Größe BIP je Einwohner liegen neun Regionen (1, 2, 3, 4, 6, 7, 9, 10, 11) unter dem Durchschnitt des UK.
- Besonders stark ausgeprägt ist diese Situation bei der Region 11 (Northern Ireland). Sie hat eine Arbeitslosenquote von etwa 17 % und ein Bruttoinlandsprodukt von etwa Index 81. Zudem zeigt die kleine Kreisgröße an, dass der Anteil am BIP sehr gering (kleiner 5 %) ist.
- Eine Gruppe von 3 Regionen (3, 4 und 6) weist zwar eine geringere Arbeitslosenquote im Vergleich zum Landesdurchschnitt auf, liegt aber dennoch noch unter dem Landesdurchschnitt des BIP pro Einwohner.
- Eine deutliche Ausnahme bildet die Region 5 (South East = Großregion London), die sowohl in Bezug auf die Arbeitslosenquote als auch auf das BIP pro Einwohner die positivsten Werte aufweist und damit allein dafür ver-

antwortlich ist, dass beim Faktor BIP je Einwohner ein relativ günstiger Landesdurchschnittswert erzielt wird. Die Region South East hat auch mit Abstand den größten Anteil am BIP insgesamt (etwa 35 %).

- Die Großregion London erwirtschaftet also mehr als ein Drittel des Gesamt-BIP des UK.
- Die Graphik spiegelt deutlich die für Westeuropa so charakteristischen räumlichen Disparitäten (hier: Großregion London gegenüber den Räumen peripherer Bedeutung) wider.

Trainingsaufgabe 3

Lösungshilfe

Diese Darstellung scheint auf den ersten Blick ungewöhnlich, ist aber nur eine Variation des Säulendiagramms. Ausgehend von den Durchschnittswerten, die auf der horizontalen „Basislinie" angegeben sind, werden die Abweichungen der beiden Regionen mit einer Säule nach oben (wenn es sich um eine positive Abweichung handelt), mit einer gestrichelten Säule nach unten, (wenn es sich um eine negative Abweichung handelt), dargestellt. Diese Art der Darstellung ist, da – bis auf den Faktor Pkw pro 1000 Einwohner – alle Werte für die Region West Midlands in den negativen Bereich fallen, durchaus übersichtlicher und anschaulicher als die Anordnung zweier paralleler Säulen.

Lösung

- Die Gegensätze zwischen den beiden Regionen sind, mit Ausnahme der Anzahl der Pkw pro 1000 Einwohner, deutlich ausgeprägt, da die Region South East jeweils eine deutliche Abweichung nach oben, die West Midlands hingegen eine deutliche Abweichung nach unten (jeweils bezogen auf den Landesdurchschnitt) aufweisen.
- Die Disparitäten werden durch Indikatoren festgestellt, die sowohl dem wirtschaftlichen Bereich (BIP, Stundenverdienst, Wertschöpfung im sekundären Bereich) als auch dem sozialen Bereich (Arbeitslosenquote) zuzuordnen sind.
- Mängel bei der Liste der Indikatoren sind das Fehlen des tertiären Sektors, der gerade für die Region South East sehr bedeutend ist.
- Zur Bemessung des Lebensstandards wird hier lediglich die Anzahl der Pkw pro 1000 Einwohner herangezogen, was nur eine unzureichende Beurteilungsbasis darstellt.

Trainingsaufgabe 4

Lösungshilfe

Bei der Interpretation dieser Graphik ist hauptsächlich darauf zu achten, dass zum einen die Reduktionsziele in starkem Gegensatz zum weltweiten Trend stehen, und zum anderen in der Graphik die Erhöhung der CO_2-Emissionen im Zeitraum 1987–2050 mitberücksichtigt wurde.

Lösung

Der weltweite Trend der CO_2-Emissionen geht von einer Steigerung des Outputs von 100 % 1987 auf 200 % im Jahre 2050 aus.

Das Reduktionsziel der CO_2-Emissionen setzt eine Reduzierung bis 2050 auf die Hälfte des Wertes von 1987 voraus. Dabei ist festzustellen, dass die Industrieländer etwa ein Drittel der dann weltweiten CO_2-Emissionen verursachen werden (3,25 Mrd. Tonnen von 10,25 Mrd Tonnen) und somit ihren Ausstoß von 16,4 Mrd. Tonnen 1987 auf 3,25 Mrd. Tonnen tatsächlich reduziert haben werden. Die Entwicklungsländer werden bis 2050 (bezogen auf die Ziele!) etwas mehr als zwei Drittel der CO_2-Emissionen verursachen (mit etwa 7 Mrd. Tonnen). Im Zeitraum zwischen 1987 und 2050 hat sich deren Ausstoß aber dennoch von 4,1 Mrd. Tonnen auf 7 Mrd. Tonnen erhöht.

Die jeweiligen Reduktionsziele stehen in krassem Gegensatz zu den weltweiten Trends, die deutlich anzeigen, dass unter Beibehaltung der derzeitigen Primärenergieproduktionsvolumina und unter Berücksichtigung eines durchschnittlichen Wirtschaftswachstums der CO_2-Ausstoß linear bis zum Jahr 2050 auf 41 Mrd. Tonnen steigen wird.

Trainingsaufgabe 5

1. Die Tabelle ist in vier Spalten anzulegen. Die beiden Spalten zur Bandbreite geben an, innerhalb welcher Bandbreite die jeweilige Vegetationformation vorkommt (extreme Werte). Bei der Ermittlung der Kernbereiche ist der Bereich im Diagramm zu ermitteln, in dem die höchste Punktekonzentration besteht.

Vegetationsformation	Bandbreite Jahresniederschlag	Bandbreite der Anzahl der ariden Monate	Kernbereich
Immergrüner tropischer Regenwald	2500–3500 mm	0–4 Monate	Dispers verteilt
Halbimmergrüner tropischer Regenwald	1400–3300 mm	3–7 Monate	NS: 1400–1700 mm Aridität: 3–5 Monate
Feuchter Monsunwald	900–1500 mm	4–7 Monate	NS: 1400–1500 mm Aridität: 6 Monate
Trockener Monsunwald	600–1400 mm	5–8 Monate	NS: 900–1400 mm Aridität: 7–8 Monate
Dornbuschsavanne	250–750 mm	7–11 Monate	NS: 500–750 mm Aridität: 7–9 Monate
Wüste	0–200 mm	11–12 Monate	Dispers verteilt

2. Tendenziell hängen letztendlich die Höhen der Jahresniederschläge auch von der Anzahl der ariden Monate ab. Dies wird verständlich aus dem Wissen heraus, dass die Niederschläge mit dem Einschalten von Trockenzeiten über das Jahr hinweg quantitativ beeinflusst werden.
Grundsätzlich ergibt sich graphisch aufgrund der Skalierung ein Gefälle der Punkteverteilungen von links oben nach rechts unten. Die Vegetationsformen ordnen sich somit den klimatischen Verhältnissen direkt unter.
Die Bandbreiten der einzelnen Vorkommnisse sind teilweise sehr hoch. Dies hängt wohl auch von den örtlichen Gegebenheiten (Höhenlage, Bodenspeicherfähigkeit, Niederschlagsvariabilität usw.) ab.

Trainingsaufgabe 6

- Phase 1: Hohe Importquoten (gestrichelte Linie) aufgrund der weitgehend fehlenden eigenen Industrieproduktion. Dabei handelt es sich im wesentlichen um Grundnahrungsmittel, Fertigwaren und Rohstoffe.
- Phase 2: Importsubstitution im Bereich der leichtindustriellen Konsumgüter. Schutz der inländischen Produktion. Dennoch erfolgen (in vermindertem Maße Importe, besonders industrielle halbfertige Produkte und Nahrungsmittel). Das Produktionsvolumen steigt beginnend mit dieser Phase enorm (durchgezogene Linie). Vorwiegend produziert werden einfachere arbeitsintensive Güter (geringes Lohnkostenniveau!) mit geringerem

Kapitalbedarf (z. B. Textilgüter). Die Eigenproduktion beginnt in dieser Phase den Warenwert des Imports zu übersteigen.

- Beim Erreichen der Nullinie durch den Importwert wird die dritte Phase, die Phase der Selbstversorgung eröffnet.
- Die industrielle Produktion orientiert sich nach einer Importphase schwerindustrieller Produkte (in der Abbildung nicht sichtbar) in einer 4. Phase hin zu kapitalintensiven Verfahren, in denen höherwertige Produkte (anfangs Massengüter, später Investitionsgüter) für den Export produziert werden.

Mit den Mechanismen *Import, Aufbau einer Industrie, Importsubstitution, Export* wird stufenweise die wirtschaftliche Entwicklung im Bereich zunächst geringwertiger, nachfolgend aber immer höherwertiger Industriegüter vollzogen.

Trainingsaufgabe 7

1. Monatsmittel: ca. 16 °C
   Niederschlagsmenge: etwa 71 mm

2. Die Station zeichnet sich durch Sommertrockenheit und (Haupt-) Niederschläge von Oktober bis Januar aus. Das Jahresmittel der Temperatur liegt bei etwa 17 °C. Die Station zeigt die typischen Merkmale der mediterranen Klimazone auf der Nordhalbkugel (Temperaturmaxima im Nordsommer). In Frage kommen deshalb das Mittelmeergebiet oder Teile der Westküste Nordamerikas (hier: Palermo).

Trainingsaufgabe 8

Besonders beliebt in populären, aber auch wissenschaftlichen Veröffentlichungen sind 3-D-Darstellungen. Anhand dieses Beispiels lässt sich gut eine exemplarische Analyse durchführen.

Vorteile

- Graphisch ansprechend
- Rasch in den wesentlichen Grundzügen zu überschauen
- Modellhaft in der Aussage

Nachteile

- Ablesen der y-Achse schwierig, da nicht für jede Höhenstufe angegeben, mühsames Ablesen mit dem Lineal.

- Auch die Zuordnung zur x-Achse ist – durch den schrägen Verlauf und durch die Tatsache, dass die Linien für die einzelnen Monate nicht durchgezogen sind – problematisch.
- Flächen der vorderen Höhenstufen verdecken teilweise die hinteren.
- Aus diesem Grunde sind die Saisonmonate der hinteren Höhenstufen nicht sicher abzulesen (fetter Balken am unteren Rande nicht immer sichtbar)
- Keine zwingende ursächliche Notwenigkeit für diese Art der Darstellung vorhanden.

Trainingsaufgabe 9

Kritik zur Aussagekraft

- Es sind keine Angaben über die Ausgangsbasis, sondern nur über den Zuwachs vorhanden, sodass man keine verlässlichen Schlüsse über die Gesamtmenge der geschützten Flächen pro Erdteil treffen kann.
- Es fehlen – als Bezugsgrößen – die Flächen der einzelnen Erdteile, was zur Bewertung der Gesamtmenge geschützter Flächen notwendig wäre.
- Angaben in Prozent des jeweiligen Erdteiles wären also aufschlussreicher, zumindest würden sie eine sinnvolle Ergänzung zu den absoluten Werten darstellen.
- Es werden keine Aussagen gemacht über die Gleichwertigkeit des Schutzes oder dessen Umfangs.

Kritk zur Darstellungsweise

- Die Darstellung eignet sich nur für einen groben Überblick.
- Der Maßstab wurde falsch gewählt, da niedrige Werte z. B. bei Europa bis 1950 kaum genau abzulesen sind.
- Durch die 3-D-Darstellung kann man die Höhen der einzelnen Säulen schwer ablesen, besonders derjenigen, die sich weit vom linken bzw. hinteren Rand entfernt befinden.
- Vordere Säulen verdecken hintere, kleinere Säulen zumindest teilweise, was ebenfalls ein Ablesen und Auswerten erschwert.
- Alle Säulen sind in der gleichen Signatur (weiß mit schwarzem Rand) gehalten, was eine rasche Zuordnung der einzelnen Säulen zum jeweiligen Erhebungsjahrzehnt erschwert.

Trainingsaufgabe 10

- Auf den ersten Blick ist diese Darstellungsweise übersichtlich und lässt die Haupttendenzen klar hervortreten, nämlich die am häufigsten praktizierte Verhütungsmethode in beiden Ländergruppen (Industrieländer: natürliche Verhütung mit 30 % und Entwicklungsländer: Sterilisation mit 45 %).
- Die Einteilung in die einzelnen Segmente ist so gestaltet worden, dass auch der geringste Wert (3 %) noch gut optisch zur Geltung kommt.
- Dadurch, dass die Prozentangaben in genauen Zahlen jeweils den Kreissegmenten zugeordnet sind, ist die Graphik schnell erfassbar
- Auf eine weitere Differenzierung der Rubrik „andere" wurde verzichtet, was der Übersichtlichkeit und der Konzentration auf die wesentlichen Aspekte dient.
- Durch die 3-D-Darstellung wird der Kreis verzerrt, die einzelnen Segmente werden nicht genau in ihrer eigentlichen Größe abgebildet.
- Eine leichte Vergleichbarkeit wird durch die unterschiedliche Anordnung der einzelnen Komponenten auf dem Kreis erschwert („Pille" bei Industrieländern links hinten, bei Entwicklungsländern rechts vorne).
- Die Signaturen sind nicht eindeutig, „Sterilisation" und „natürliche Verhütungsmittel" haben nahezu die gleiche Farbgebung.

Trainingsaufgabe 11

- Bei einigen Balken fehlt die Länderbezeichnung.
- Die Balkensegmente wurden zu 100 % aneinandergereiht. Dadurch lassen sich zwar die Verhältnisse von Einfuhr und Ausfuhr zueinander ablesen, allerdings verfälscht die Integration des EU-Saldos dieses Ergebnis.
- Für eine Bewertung der Bedeutung der einzelnen Länder als Handelspartner der EU wären die absoluten Werte (z. B. in Mrd. ECU) dringend erforderlich.
- Die vielleicht im Trend der Zeit liegende dreidimensionale Darstellungsweise erschwert ein sauberes Ablesen. Sie führt sogar im Bereich der 0 %-Linie zu Ablesefehlern.

Ihre Meinung ist uns wichtig!

Ihre Anregungen sind uns immer willkommen. Bitte informieren Sie uns mit diesem Schein über Ihre Verbesserungsvorschläge!

Titel-Nr.	Seite	Vorschlag

Bitte hier abtrennen

Die echten Hilfen zum Lernen... **STARK**

Zutreffendes bitte ankreuzen!

Die Absenderin/der Absender ist:

- ☐ Lehrer/in in den Klassenstufen: ______
- ☐ Fachbetreuer/in
  Fächer: ______
- ☐ Seminarlehrer/in
  Fächer: ______
- ☐ Regierungsfachberater/in
  Fächer: ______
- ☐ Oberstufenbetreuer/in
- ☐ Schulleiter/in
- ☐ Referendar/in, Termin 2. Staats-
  examen: ______
- ☐ Leiter/in Lehrerbibliothek
- ☐ Leiter/in Schülerbibliothek
- ☐ Sekretariat
- ☐ Eltern
- ☐ Schüler/in, Klasse: ______
- ☐ Sonstiges: ______

Unterrichtsfächer: **(Bei Lehrkräften!)**

______

16-V1T

Bitte ausfüllen und im frankierten Umschlag
an uns einsenden. Für Fensterkuverts geeignet.

STARK Verlag
Postfach 1852
85318 Freising

Kennen Sie Ihre Kundennummer?
Bitte hier eintragen.

Absender **(Bitte in Druckbuchstaben!)**

Name/Vorname

Straße/Nr.

PLZ/Ort

Telefon privat | **Geburtsjahr**

E-Mail-Adresse

Schule/Schulstempel **(Bitte immer angeben!)**

Bitte hier abtrennen

Sicher durch das Abitur!

Effektive Abitur-Vorbereitung für Schülerinnen und Schüler:
Klare Fakten, systematische Methoden, prägnante Beispiele sowie Übungsaufgaben auf Abiturniveau mit erklärenden Lösungen zur Selbstkontrolle.

Mathematik

Analysis Pflichtteil – Baden-Württemberg .... Best.-Nr. 84001
Analysis Wahlteil – Baden-Württemberg .... Best.-Nr. 84002
Analytische Geometrie Pflicht-/Wahlteil Baden-Württemberg .... Best.-Nr. 84003
Berufliches Gymnasium Mathematik Analysis · Lineare Algebra – Baden-Württemberg Best.-Nr. 824001
Analysis – LK .... Best.-Nr. 94002
Analysis – gk .... Best.-Nr. 94001
Analytische Geometrie und lineare Algebra 1 .... Best.-Nr. 94005
Analytische Geometrie und lineare Algebra 2 .... Best.-Nr. 54008
Stochastik – LK .... Best.-Nr. 94003
Stochastik – gk .... Best.-Nr. 94007
Kompakt-Wissen Abitur Analysis .... Best.-Nr. 900151
Kompakt-Wissen Abitur Analytische Geometrie .... Best.-Nr. 900251
Kompakt-Wissen Abitur Wahrscheinlichkeitsrechnung und Statistik .... Best.-Nr. 900351

Physik

Elektrisches und magnetisches Feld (LK) .... Best.-Nr. 94308
Elektromagnetische Schwingungen und Wellen (LK) .... Best.-Nr. 94309
Atom- und Quantenphysik (LK) .... Best.-Nr. 943010
Kernphysik (LK) .... Best.-Nr. 94305
Physik 1 (gk) .... Best.-Nr. 94321
Physik 2 (gk) .... Best.-Nr. 94322
Kompakt-Wissen Abitur Physik 1 Mechanik, Wärmelehre, Relativitätstheorie .... Best.-Nr. 943012
Kompakt-Wissen Abitur Physik 2 Elektrizität, Magnetismus und Wellenoptik .... Best.-Nr. 943013
Kompakt-Wissen Abitur Physik 3 Quanten, Kerne und Atome .... Best.-Nr. 943011

Chemie

Training Methoden Chemie .... Best.-Nr. 947308
Chemie 1 – Baden-Württemberg .... Best.-Nr. 84731
Chemie 2 – Baden-Württemberg .... Best.-Nr. 84732
Chemie 1 – Bayern LK K 12 .... Best.-Nr. 94731
Chemie 2 – Bayern LK K 13 .... Best.-Nr. 94732
Chemie 1 – Bayern gk K 12 .... Best.-Nr. 94741
Chemie 2 – Bayern gk K 13 .... Best.-Nr. 94742
Rechnen in der Chemie .... Best.-Nr. 84735
Abitur-Wissen Protonen und Elektronen .... Best.-Nr. 947301
Abitur-Wissen Struktur der Materie und Kernchemie .... Best.-Nr. 947303
Abitur-Wissen Stoffklassen organischer Verbindungen .... Best.-Nr. 947304
Abitur-Wissen Biomoleküle .... Best.-Nr. 947305
Abitur-Wissen Biokatalyse u. Stoffwechselwege .... Best.-Nr. 947306
Abitur-Wissen Chemie am Menschen – Chemie im Menschen .... Best.-Nr. 947307
Kompakt-Wissen Abitur Chemie Organische Stoffklassen Natur-, Kunst- und Farbstoffe .... Best.-Nr. 947309

Biologie

Training Methoden Biologie .... Best.-Nr. 94710
Biologie 1 – Baden-Württemberg .... Best.-Nr. 84701
Biologie 2 – Baden-Württemberg .... Best.-Nr. 84702
Biologie 1 – Bayern LK K 12 .... Best.-Nr. 94701
Biologie 2 – Bayern LK K 13 .... Best.-Nr. 94702
Biologie 1 – Bayern gk K 12 .... Best.-Nr. 94715
Biologie 2 – Bayern gk K 13 .... Best.-Nr. 94716
Chemie für Biologen .... Best.-Nr. 54705
Abitur-Wissen Genetik .... Best.-Nr. 94703
Abitur-Wissen Neurobiologie .... Best.-Nr. 94705
Abitur-Wissen Verhaltensbiologie .... Best.-Nr. 94706
Abitur-Wissen Evolution .... Best.-Nr. 94707
Abitur-Wissen Ökologie .... Best.-Nr. 94708
Abitur-Wissen Zell- und Entwicklungsbiologie .... Best.-Nr. 94709
Kompakt-Wissen Biologie Zellbiologie · Genetik · Neuro- und Immunbiologie Evolution – Baden-Württemberg .... Best.-Nr. 84712
Kompakt-Wissen Abitur Biologie Zellen und Stoffwechsel Nerven, Sinne und Hormone · Ökologie .... Best.-Nr. 94712
Kompakt-Wissen Abitur Biologie Genetik und Entwicklung Immunbiologie · Evolution · Verhalten .... Best.-Nr. 94713
Lexikon Biologie .... Best.-Nr. 94711

Geschichte

Training Methoden Geschichte .... Best.-Nr. 94789
Geschichte 1 – Baden-Württemberg .... Best.-Nr. 84761
Geschichte 2 – Baden-Württemberg .... Best.-Nr. 84762
Geschichte – Bayern gk K 12 .... Best.-Nr. 94781
Geschichte – Bayern gk K 13 .... Best.-Nr. 94782
Abitur-Wissen Die Antike .... Best.-Nr. 94783
Abitur-Wissen Das Mittelalter .... Best.-Nr. 94788
Abitur-Wissen Die Französische Revolution .... Best.-Nr. 947810
Abitur-Wissen Die Ära Bismarck: Entstehung und Entwicklung des deutschen Nationalstaats .... Best.-Nr. 94784
Abitur-Wissen Imperialismus und Erster Weltkrieg .... Best.-Nr. 94785
Abitur-Wissen Die Weimarer Republik .... Best.-Nr. 47815
Abitur-Wissen Nationalsozialismus und Zweiter Weltkrieg .... Best.-Nr. 94786
Abitur-Wissen Deutschland von 1945 bis zur Gegenwart .... Best.-Nr. 947811
Kompakt-Wissen Abitur Geschichte Oberstufe .... Best.-Nr. 947601
Lexikon Geschichte .... Best.-Nr. 94787

Politik

Abitur-Wissen Internationale Beziehungen .... Best.-Nr. 94802
Abitur-Wissen Demokratie .... Best.-Nr. 94803
Abitur-Wissen Sozialpolitik .... Best.-Nr. 94804
Abitur-Wissen Die Europäische Einigung .... Best.-Nr. 94805
Abitur-Wissen Politische Theorie .... Best.-Nr. 94806
Kompakt-Wissen Abitur Politik/Sozialkunde .... Best.-Nr. 948001
Lexikon Politik/Sozialkunde .... Best.-Nr. 94801

(Bitte blättern Sie um)

Wirtschaft/Recht

Betriebswirtschaft .... Best.-Nr. 94851
Abitur-Wissen Volkswirtschaft .... Best.-Nr. 94881
Abitur-Wissen Rechtslehre .... Best.-Nr. 94882
Kompakt-Wissen Abitur Volkswirtschaft .... Best.-Nr. 948501

Erdkunde

Training Methoden Erdkunde .... Best.-Nr. 94901
Erdkunde Relief- und Hydrosphäre · Wirtschaftsprozesse und -strukturen · Verstädterung – Baden-W. .... Best.-Nr. 84901
Erdkunde Relief- und Hydrosphäre · Wirtschaftsprozesse und -strukturen · Verstädterung .... Best.-Nr. 84901A
Abitur-Wissen GUS-Staaten/Russland .... Best.-Nr. 94908
Abitur-Wissen Entwicklungsländer .... Best.-Nr. 94902
Abitur-Wissen USA .... Best.-Nr. 94903
Abitur-Wissen Europa .... Best.-Nr. 94905
Abitur-Wissen Asiatisch-pazifischer Raum .... Best.-Nr. 94906
Kompakt-Wissen Abitur Erdkunde Allgemeine Geografie · Regionale Geografie .... Best.-Nr. 949010
Lexikon Erdkunde .... Best.-Nr. 94904

Deutsch

Training Methoden Deutsch .... Best.-Nr. 944062
Dramen analysieren und interpretieren .... Best.-Nr. 944092
Erörtern und Sachtexte analysieren .... Best.-Nr. 944094
Gedichte analysieren und interpretieren .... Best.-Nr. 944091
Epische Texte analysieren und interpretieren .... Best.-Nr. 944093
Übertritt in die Oberstufe .... Best.-Nr. 90409
Abitur-Wissen Erörtern und Sachtexte analysieren .... Best.-Nr. 944064
Abitur-Wissen Textinterpretation .... Best.-Nr. 944061
Abitur-Wissen Deutsche Literaturgeschichte .... Best.-Nr. 94405
Abitur-Wissen Prüfungswissen Oberstufe .... Best.-Nr. 94400
Kompakt-Wissen Rechtschreibung .... Best.-Nr. 944065
Lexikon Autoren und Werke .... Best.-Nr. 944081

Englisch

Übersetzungsübung .... Best.-Nr. 82454
Grammatikübung .... Best.-Nr. 82452
Themenwortschatz .... Best.-Nr. 82451
Grundlagen der Textarbeit .... Best.-Nr. 94464
Sprachmittlung .... Best.-Nr. 94469
Textaufgaben Literarische Texte und Sachtexte Baden-Württemberg .... Best.-Nr. 84468
Textaufgaben Literarische Texte und Sachtexte .... Best.-Nr. 94468
Grundfertigkeiten des Schreibens .... Best.-Nr. 94466
Sprechfertigkeit mit CD .... Best.-Nr. 94467
Englisch – Übertritt in die Oberstufe .... Best.-Nr. 82453
Abitur-Wissen Landeskunde Großbritannien .... Best.-Nr. 94461
Abitur-Wissen Landeskunde USA .... Best.-Nr. 94463
Abitur-Wissen Literaturgeschichte .... Best.-Nr. 94465
Kompakt-Wissen Abitur Themenwortschatz .... Best.-Nr. 90462
Kompakt-Wissen Kurzgrammatik .... Best.-Nr. 90461

Pädagogik / Psychologie

Grundwissen Pädagogik .... Best.-Nr. 92480
Grundwissen Psychologie .... Best.-Nr. 92481

Latein

Abitur-Wissen Lateinische Literaturgeschichte .... Best.-Nr. 94602
Wiederholung Grammatik .... Best.-Nr. 94601
Wortkunde .... Best.-Nr. 94603
Kompakt-Wissen Kurzgrammatik .... Best.-Nr. 906011

Französisch

Landeskunde Frankreich .... Best.-Nr. 94501
Themenwortschatz .... Best.-Nr. 94503
Literatur .... Best.-Nr. 94502
Abitur-Wissen Literaturgeschichte .... Best.-Nr. 94506
Kompakt-Wissen Abitur Themenwortschatz .... Best.-Nr. 945010
Kompakt-Wissen Kurzgrammatik .... Best.-Nr. 945011

Religion

Katholische Religion 1 (gk) .... Best.-Nr. 84991
Katholische Religion 2 (gk) .... Best.-Nr. 84992
Abitur-Wissen gk ev. Religion Der Mensch zwischen Gott und Welt .... Best.-Nr. 94973
Abitur-Wissen gk ev. Religion Die Verantwortung des Christen in der Welt .... Best.-Nr. 94974
Abitur-Wissen Glaube und Naturwissenschaft .... Best.-Nr. 94977
Abitur-Wissen Jesus Christus .... Best.-Nr. 94978
Abitur-Wissen Die Frage nach dem Menschen .... Best.-Nr. 94990
Abitur-Wissen Die Bibel .... Best.-Nr. 94992
Abitur-Wissen Christliche Ethik .... Best.-Nr. 94993
Lexikon Ethik und Religion .... Best.-Nr. 94959

Ethik

Ethische Positionen in historischer Entwicklung (gk) .... Best.-Nr. 94951
Abitur-Wissen Philosophische Ethik .... Best.-Nr. 94952
Abitur-Wissen Glück und Sinnerfüllung .... Best.-Nr. 94953
Abitur-Wissen Freiheit und Determination .... Best.-Nr. 94954
Abitur-Wissen Recht und Gerechtigkeit .... Best.-Nr. 94955
Abitur-Wissen Religion und Weltanschauungen .... Best.-Nr. 94956
Abitur-Wissen Wissenschaft – Technik – Verantwortung .... Best.-Nr. 94957
Abitur-Wissen Politische Ethik .... Best.-Nr. 94958
Lexikon Ethik und Religion .... Best.-Nr. 94959

Sport

Bewegungslehre (LK) .... Best.-Nr. 94981
Trainingslehre (LK) .... Best.-Nr. 94982

Kunst

Abitur-Wissen Kunst 1 Grundwissen Malerei .... Best.-Nr. 94961
Abitur-Wissen Kunst 2 Analyse und Interpretation Best.-Nr. 94962

Fachübergreifend

Richtig Lernen Tipps und Lernstrategien – Oberstufe .... Best.-Nr. 10483
Referate und Facharbeiten – Oberstufe .... Best.-Nr. 10484
Training Methoden Meinungen äußern, Ergebnisse präsentieren .... Best.-Nr. 10486

Bestellungen bitte direkt an: STARK Verlagsgesellschaft mbH & Co. KG
Postfach 1852 · 85318 Freising · Tel: 08161 / 179-0 · FAX: 08161 / 179-51
Internet: www.stark-verlag.de · E-Mail: info@stark-verlag.de

STARK

16-V1T